Votre cœur, cet inconnu

Pr Jean-Noël Fabiani-Salmon

Votre cœur, cet inconnu

Albin Michel

Sommaire

À Jane, en pensant à ces moments difficiles
où sa présence a été mon soutien vital.

À Alain Deloche, mon frère en chirurgie.

À Emmanuelle Florens,
Léonora Du Puy Montbrun et Paul Achouh,
sans lesquels ce livre n'aurait jamais été écrit.

À tout le personnel du service
de chirurgie cardio-vasculaire de l'hôpital
européen Georges-Pompidou.

À Orso Fabiani.

Prologue

Rien n'est plus impressionnant qu'un cœur humain. Le frisson indicible qui vous prend quand vous le voyez devant vous, déshabillé, mis à nu, palpitant à la façon d'un métronome, quand vous devinez, sous cette pulsation rouge cramoisi et ininterrompue, la matière même de la vie.

J'ai exercé durant quarante ans, au chevet de cœurs chaque fois au bord de l'effondrement. Des cœurs trop gros, boursouflés, lessivés, essoufflés, j'en ai opéré plus de 20 000. Du premier jusqu'au dernier, je suis resté émerveillé par ce que j'avais entre les mains.

Dans ce métier, on navigue entre la vie et la mort, le patient comme le chirurgien. Le malade n'a pas d'autre choix que d'accepter l'opération ; le médecin, pas d'autre possibilité que de le sauver. Toutes les personnes que j'ai opérées étaient en sursis. Si on fait ces interventions, éminemment lourdes, c'est qu'il y a un risque vital. Le choix de cette profession, de toucher à cet organe qui représente par essence la vie, est évidemment un choix existentiel, profond.

Il a été le mien à la seconde où j'ai vu pour la première fois un cœur vivant, à 21 ans. Tout de suite, j'ai su que je m'engouffrerais dans cette spécialité. Au premier regard, je me suis pris de passion pour le cœur – si je puis dire. Je n'aurais pas pu choisir le foie ou le cerveau, non, c'était lui et pas un autre ! Sans doute parce qu'avant toute chose je voulais guérir les gens. Guérir au sens de sauver d'une mort assurée. Changer une valve malade, c'est assurer la survie pendant de nombreuses années. Encore récemment, une dame dont le père venait de mourir à 100 ans m'envoyait ce message : « Mon père voulait absolument que je vous appelle car vous lui aviez sauvé la vie. » J'avais opéré cet homme trente ans auparavant, par des pontages coronaires. C'est mon karma ! J'ai besoin de rendre service aux gens ! Je n'aurais pu faire ni de la cancérologie à mon époque où le taux de survie n'était pas flambant, malgré tous les soins prodigués, ni aller en neurochirurgie, où l'on n'entend pas beaucoup de bruit dans les salles de réanimation, les patients stagnant longtemps dans le coma… Cela dit, le risque a toujours été et reste un compagnon de route du chirurgien cardiaque. Qu'il faille en prendre pour prolonger la vie est certain. À mes débuts, nous assumions quand même des mortalités de l'ordre de 5 à 10 %. Depuis, ce taux a baissé, mais le risque est toujours là.

Face à notre cœur qui s'essouffle, face à la peur du « cœur ouvert », nous sommes tous égaux. J'ai opéré, pêle-mêle, des anonymes, des gens connus – je me souviens encore de ce sociétaire du Français qui, de panique, me parlait tout le temps en alexandrins, comme de cet homme politique, grand chasseur, qui m'a dit : « N'oubliez pas docteur, si vous me posez une pile, j'épaule du côté gauche ! » J'ai aussi opéré nombre de chirurgiens de ma connaissance (on m'appelait en plaisantant le chirurgien des chirurgiens !), beaucoup d'amis – souvent des pontages, car ils étaient tous stressés et le stress bouche les coronaires ! Chez tous ces rescapés, j'ai constaté la même peur, légitime, et le même soulagement, quand le sang a recommencé à irriguer un cœur réparé.

Cette peur, je l'ai même vécue à titre personnel, puisqu'on peut être en grande forme, n'avoir strictement aucune douleur et pourtant un cœur qui vacille… Je suis un revenant, moi aussi. On pense que les maladies cardio-vasculaires s'annoncent à l'âge de la retraite, à grand renfort d'aliments trop gras et sucrés, on pense qu'elles touchent plus les hommes que les femmes : on se trompe. Ces affections sont souvent silencieuses et concernent, on le remarque depuis une période très récente, autant les femmes que les hommes. La foudre peut frapper tout le monde.

Qu'est-ce qu'un cœur humain ?

Comment fonctionne-t-il ?

Comment nos ancêtres le voyaient-ils ?

D'où vient-il, ce cœur doté d'une vie interne, puisqu'il est capable de battre encore, jusqu'à un certain point, même en n'étant plus perfusé de sang ?

À travers ce livre, je voudrais aussi parler aux plus jeunes, créer chez eux l'envie d'emprunter ce sillon. Il y a de moins en moins de chirurgiens cardiaques. Trop dur, trop long, sous-payé dans le public, pense-t-on… Ceux de mes enfants qui sont venus en stage dans mon service m'ont dit :

« Papa, tu fais vraiment un métier formidable.

– Alors tu voudrais le faire ?

– Ah non ! D'abord parce que tu n'es jamais à la maison ! »

C'est vrai… C'est un métier-passion que l'on embrasse tel un livre ouvert, prêt à s'écrire sous notre lame, un métier tissé de joies à l'état le plus pur, de moments plus difficiles, aussi. Quand vous vous êtes battu pendant des heures, parfois des jours, et que le patient rend son dernier souffle, non pendant l'opération car c'est maintenant rare, mais dans les jours qui suivent, c'est chaque fois la même impression d'impuissance et de culpabilité.

Pourtant il y a quelque chose d'unique dans cette spécialité : on revient des extrêmes. Ce qui a le don de nous ramener à l'essence des choses, nous remettre les pieds sur terre.

Voilà pourquoi je veux vous emmener dans cette extraordinaire aventure du cœur humain.

1.

« On a un problème… »

Sous le pont Mirabeau, la Seine s'allonge, noire, imperturbable. La nuit d'octobre commence à tomber sur Paris. Au volant de la Jeep, l'œil rivé aux phares de devant, Jane se tait. Depuis que nous sommes partis de notre maison en Normandie en début d'après-midi, nous avons parlé de tout et de rien, du volet cassé, des travaux de la grange, de la pluie qui s'annonce, histoire de ne pas penser à demain. Quand, il y a une semaine, j'ai annoncé la nouvelle à ma femme au téléphone, un grand silence m'a répondu. Elle a accusé le coup. Elle a balbutié quelque chose comme « D'accord », n'a pas posé plus de questions. Je lui ai dit que tout irait bien, un mauvais moment à passer. Depuis, tout s'est enchaîné.

Quai André-Citroën, port de Javel… Dans le tunnel, ça bouchonne. Une Kawasaki qui arrive à fond de train nous colle au rail en nous trouant les tympans. Sur la file de droite, une femme se remaquille dans le rétroviseur, France Info débite la météo pour la troisième fois, je coupe.

À la sortie du tunnel, la grande silhouette blanche de l'hôpital Pompidou se dresse. Pendant vingt-quatre ans, j'y ai dirigé le service de chirurgie cardio-vasculaire, ayant pris la succession du professeur Alain Carpentier, le grand inventeur du cœur artificiel Carmat, qui, même retraité, vient encore tous les jours dans son laboratoire du bâtiment de recherche annexé à Pompidou. Tout est parti de lui, d'une rencontre avec cet homme au seuil d'un ascenseur, alors que j'étais encore étudiant en médecine... jusqu'à me mener ici, dans ce service de pointe. Trois étages, trois cents personnes, des médecins aux brancardiers, des semaines à rallonge, des journées archipleines à batailler contre des diagnostics tombant comme des couperets. Comme tous les chirurgiens cardiaques, je tente d'inverser le cours des choses. J'ouvre des corps pour lutter contre une fin assurée et rallonger la vie. La plupart du temps, on rembarre la mort ; parfois, plus rarement, on échoue.

Et puis j'ai eu la chance incroyable de commencer mes études au moment où se développait véritablement la chirurgie cardiaque, de vivre les premières heures de cette odyssée, tandis que débutait la conquête spatiale... La médecine et notamment ma spécialité ont été aux premières loges de progrès foudroyants.

Pour une fois, ce n'est pas moi qui vais mener cette opération.

Jane ralentit. Je lui montre l'entrée du parking en dessous de l'hôpital. Niveau – 1. Je m'extrais de la Jeep.

« Tu viens ? »

Encore au volant, Jane me demande :

« Où va-t-on ?

– Au troisième, c'est là que sont les chambres d'hospitalisation. »

Pas facile de se repérer dans cet hôpital. Mais j'en connais les moindres recoins.

« N'oublie pas ton sac. »

Elle me le montre du doigt, sur la banquette arrière. Lequel des deux rassure l'autre en cet instant ? Heureusement elle est là. Tout ira bien, je le lui ai répété ; j'ai une confiance totale dans mon équipe, mais en bon médecin je n'ai pu m'empêcher de la prévenir des risques statistiques d'une telle opération. La mortalité y est de l'ordre de 3 %. On va rarement à une opération à cœur ouvert en sifflotant.

Une semaine auparavant, un samedi matin. Grand ciel bleu sur Paris. Deuxième étage de l'hôpital Pompidou, dans ce qui a été « mon » service, je me retrouve en salle d'échographie.

La pièce, pas très grande, baigne dans une douce pénombre. C'est un examen de routine avant une petite intervention d'ophtalmologie ; l'anesthésiste a demandé, pour le principe, qu'on me fasse une échographie cardiaque à titre d'examen préopératoire. Aucune inquiétude. Je suis en forme. Ni diabète ni cholestérol au compteur, je transpire une fois par semaine sur un tapis de cardio-training, le samedi ; bref, tous mes indicateurs sont au vert et je n'ai qu'une hâte, que ça se termine pour partir d'ici et aller voir ma mère de 93 ans. Ce jour-là, je vais passer du temps avec elle, je lui fais ses courses, lui apporte tous les livres que je n'ai pas le temps de lire !

Mon cœur bat dans mes tempes. Doucement, je me laisse aller. Je ne vois pas le visage d'Emmanuelle, la cardiologue du service, éclairé par l'écran. Sa sonde dessine des moulinets sur mon thorax, distille sa fraîcheur sur ma peau, va et vient, tourne, retourne.

Flottant dans mes pensées, je ne vois pas l'ombre de

mon cœur qui se contracte sur l'écran en noir et blanc, les mouvements mécaniques de mes valves qui s'ouvrent et se ferment à la vitesse régulière d'un métronome, sans à-coups – c'est proprement fascinant, cette horlogerie à l'intérieur d'un corps vivant, je me souviens encore de la première échographie cardiaque au monde que j'avais vue dans les années 1970 à Tours, où cette technique venait d'être mise au point. Extraordinaire d'entrevoir cette valve mitrale s'agiter comme ça de haut en bas, dans une sorte de nuit et brouillard.

Le sourire d'Emmanuelle traverse la pénombre.

« Écoutez, votre cœur, il est parfait. »

Je ne suis pas surpris. Elle monte le son. Un bruit de locomotive à vapeur, à la fois assourdi et saccadé, envahit la pièce.

La sonde pourrait s'arrêter là. Elle a fini son travail, mais elle revient. Elle remonte à présent vers mon cou, redescend, remonte, semble hésiter, s'arrête.

« Ah mais… mais… votre aorte… »

Le regard d'Emmanuelle s'est figé sur l'écran. À toute vitesse, elle prend d'autres mesures.

« Il y a un problème. Elle est beaucoup trop grosse… »

Un gros problème, pour ainsi dire. Mon aorte fait 6 centimètres de diamètre au lieu de 2,5. Une poire boursouflée sort de mon cœur, à la place d'un tuyau. Dans ma tête, je traduis immédiatement. *Anévrisme de l'aorte.* L'avantage, c'est qu'elle n'a pas besoin de me faire un topo. J'en ai « fait » toutes les semaines, pendant des années, des anévrismes de l'aorte.

Grand blanc dans ma tête. Pour une fois, ce n'est pas des autres dont on parle. Ce diagnostic, il me concerne. *Moi, le professeur de chirurgie cardiaque, je suis malade du cœur.* Le risque de l'anévrisme, c'est la rupture de l'aorte. Et la rupture de l'aorte, c'est tout simplement l'une des plus graves urgences médicales qui soient. L'aorte, le vaisseau amiral de l'organisme, le tuyau principal qui commence à la sortie du cœur, donne naissance à tout le système artériel et transporte le sang oxygéné dans tout le corps. Une fois qu'elle a quitté le cœur vers le haut, dans sa portion ascendante, elle forme une arche d'où se détachent les artères des bras, qui véhiculent le sang jusqu'au petit doigt, et les carotides qui apportent le sang au cerveau ; elle pique ensuite du nez pour redescendre vers le thorax, l'abdomen, puis les jambes. Un incomparable réseau d'irrigation.

En clair, mon tuyau central peut se rompre à tout moment, quand je dors, quand j'opère, quand je suis sur un tapis de sport, quand je dîne avec Jane. Et la rupture de l'aorte, c'est la mort. Pas dans deux heures, non, la mort subite. Le sang jaillit comme un torrent et s'engouffre dans la cavité la plus proche. Le cœur se vide et ça prend quelques secondes. De Gaulle est mort comme ça, quand son anévrisme s'est rompu dans le ventre ! La pression à l'intérieur est énorme, on ne l'imagine pas. Quand le boucher se coupe une artère fémorale, ça gicle jusqu'à l'autre bout de la pièce ! Une vision d'horreur !

Une insidieuse sensation d'asphyxie me coupe le souffle, qui s'accélère.

La peur du malade qui va se faire opérer du cœur… Combien de fois je l'ai vue, ressentie, touchée du doigt, en face de moi, derrière mon bureau. Si on y va, c'est bien parce qu'on est en danger. C'est un peu le bistouri ou la mort… On a connu choix moins cornéliens ! Toutes les opérations à cœur ouvert se font dans l'obligation, la mienne n'y fait pas exception.

Dire que j'étais venu pour une cataracte tout ce qu'il y a de plus banal, et voilà que je repars avec une prescription de cœur ouvert ! Je suis pourtant bien placé pour le savoir, on est souvent en forme quand le cœur vacille – raison pour laquelle il faut insister sur la nécessité d'examens systématiques afin de dépister des maladies silencieuses. La pathologie cardio-vasculaire, c'est ça : vous galopez comme un gamin et vous développez, en douce, une maladie qui peut vous emporter du jour au lendemain. Voilà pourquoi tous les hommes à partir de 40 ans, et toutes les femmes à partir de 50 ans, devraient faire une épreuve d'effort – courir ou pédaler avec des électrodes sur le cœur, en vue d'un électrocardiogramme. Et ils devraient le faire tous les trois ans. Si le cœur n'est pas assez irrigué et souffre, on le voit tout de suite, le spike sur l'écran (la pointe traduisant l'activité du stimulateur cardiaque) s'élargit et un autre examen, un coroscanner, permettant de visualiser les coronaires, est prescrit.

Déglutir. Reprendre mes esprits. Je suis médecin ! Impossible de flancher. Je lève une épaule vers Emmanuelle :

« OK, on opère dans une semaine. » Ce n'est pas elle qui le dit mais moi, le patient ! Mieux vaut le faire au plus tôt. Paul et Léonora s'en chargeront, c'est moi qui le leur annoncerai, aussi ! Paul, déjà professeur, m'a succédé à la tête du service quand j'ai arrêté d'opérer. L'opération qu'il va « me » faire, nous l'avons réalisée ensemble des dizaines de fois. Léonora est l'une des praticiennes les plus soigneuses et sérieuses que j'aie jamais formées. Tous les deux, outre le fait d'être de remarquables techniciens, sont aussi de vrais médecins capables de faire passer leurs émotions au second plan dans les cas limites.

Ce sera mieux pour moi ! Quel cadeau, opérer son ancien patron !

2.

Dix siècles pour se tromper

Lequel est le plus lourd, le cœur ou la plume ? Vous vous souvenez sûrement de cette représentation égyptienne du cœur sur le plateau d'une balance, face à une plume. Voici venue l'heure du jugement dernier, de la pesée de l'âme !

Depuis la nuit des temps, le cœur fascine les hommes.

Depuis la nuit des temps, il est apparenté à la vie.

Pour les hommes de l'Antiquité, quelle est la différence entre un vivant et un mort ? C'est bien simple, le vivant est chaud tandis que le mort est froid ! Si le vivant est chaud, alors c'est qu'il y a une chaudière. Comme on ne connaît évidemment pas à l'époque l'anatomie humaine, tout en sentant bien que quelque chose bouge en permanence dans la poitrine, on se dit que le cœur est cette chaudière ! Puisqu'il produit du mouvement et de la chaleur… Quant aux poumons au-dessus, ils sont considérés comme des soufflets qui assurent l'activité du feu. La vie, c'est la chaleur donc le cœur… Aristote en fera même le lieu de la pensée, étant donné que la pensée, effervescente, ne peut venir que d'un organe chaud !

Mais ce sont bien les anciens Égyptiens, les premiers, qui ont mis le cœur sur un piédestal, en en faisant le siège de l'intelligence, des émotions et de la mémoire. Il était le seul organe que les embaumeurs devaient impérativement laisser en place après la mort, quand tous les autres étaient ôtés de la dépouille – le cerveau, par exemple, était enlevé, via les narines, au moyen de crochets ! Si le cœur était arraché par erreur de l'enveloppe corporelle, il devait être replacé dans la cavité thoracique, souvent accompagné d'une amulette funéraire, le « scarabée du cœur » qui portait, gravé sur son ventre, un extrait du Livre des morts : « Ô mon cœur ! Ne te dresse pas contre moi comme témoin, ne m'accuse pas devant le tribunal. » Même en ayant cessé de battre, il allait en effet permettre de juger de la vie d'un homme sur la balance d'Anubis, le dieu des morts. La balance était l'étape essentielle que le défunt devait passer pour renaître dans l'au-delà. Si le cœur pesait autant que la plume, qui symbolisait la déesse de la vérité et de la justice, c'est que le mort avait vécu en toute moralité et pouvait accéder à la vie éternelle. S'il pesait plus lourd, c'est qu'il s'était mal comporté, il serait alors dévoré par un monstre qui faisait peur à voir, la « mangeuse de cœurs » ! Le cœur était à la fois un organe anatomique doté d'une fonction vitale et un symbole spirituel, religieux.

Un symbole aussi, plus tard, chez les Aztèques d'Amérique centrale, qui pensaient les humains redevables à leurs dieux créateurs de s'être sacrifiés pour créer les astres et la Terre. Il incombait donc aux humains de reconstituer ces sacrifices primordiaux en nourrissant leurs créateurs… de cœurs chauds et palpitants, tout juste extraits du corps de jeunes gens ! Les prêtres ouvraient des poitrines à tour de bras avec des couteaux d'obsidienne pour permettre aux dieux d'être revitalisés, au Soleil de reprendre des forces. Le cœur, qui était brandi ou lancé vers un symbole du dieu auquel était dédié le sacrifice, représentait ainsi l'élan vital.

Un cœur au pouvoir transformateur... dont s'emparera aussi la religion catholique avec la dévotion au Sacré-Cœur de Jésus, symbole de l'amour divin par lequel Dieu a pris la nature humaine et donné sa vie pour les hommes. Souvent représenté dans l'art chrétien par un cœur enflammé, brillant d'une lumière divine, ensanglanté après avoir été percé par la lance d'un soldat romain, ceint d'une couronne d'épines et surmonté d'une croix, il évoque la passion du Christ et son amour divin pour les hommes.

Voilà donc, dès le départ, notre cœur nimbé de puissantes connotations. Quelles que soient la religion et la civilisation, les hommes ont accordé une portée métaphysique à cet organe et lui ont octroyé une place au-delà la sienne.

De manière plus scientifique, le premier à s'intéresser réellement au cœur en tant qu'organe, c'est Galien, le monstre sacré de la médecine de l'Antiquité. Né en 129 et mort vers 216, ce savant grec qui a exercé à Pergame en Asie Mineure, et à Rome, a d'abord entamé des études de philosophie avant de se tourner vers la médecine. Il a touché à tout, pense avoir tout compris et tout lu, ce qui n'est pas faux puisqu'il a fait la synthèse de toutes les connaissances de l'Antiquité, à commencer par celles du « père » de la médecine, Hippocrate. Il a écrit plus de cinq cents livres. Chirurgien de l'école de gladiateurs de Pergame, il devient aussi le médecin personnel de l'empereur romain Marc Aurèle auquel il apporte, tous les soirs, sa boisson impériale, la thériaque, une décoction de 80 ingrédients et plantes (dont de l'opium et de la chair de vipère) qui doit le guérir et le prémunir contre tout, y compris des tentatives d'empoisonnement. Car Galien, qui a passé son enfance dans les domaines agricoles gérés par son père, a une formidable connaissance des plantes médicinales et a consacré une grande partie de sa vie à herboriser ; ce n'est pas un hasard si les pharmaciens du monde entier en ont fait leur héros ! Il a aussi beaucoup disséqué, plutôt des cochons et des singes, la Rome antique interdisant la dissection des humains. Et sur le cœur, il est à l'origine d'une grande théorie qui va nous jouer bien des tours pour les siècles à venir. Car l'histoire en elle-même de notre « chaudière » est une très longue histoire…

Galien a bien compris que nous avons non pas un cœur mais deux : notre poire interne est divisée en deux grandes parties, gauche et droite. Seulement, pour lui, l'organe qui fabrique le sang, à partir des aliments provenant du système digestif, ce n'est pas le cœur mais le foie. C'est lui qui produit la « substance obscure » qui engendre tous les tissus et les nourrit. Ce sang s'écoule dans l'organisme par les veines. Il passe par la veine cave dans la moitié droite du cœur ; de là, une partie arrive aux poumons pour les irriguer, une autre partie passe vers la moitié gauche du cœur à travers une paroi entre les ventricules (communication qui n'existe pas) pour se réchauffer. Car le ventricule gauche est le siège de la chaleur, il est cette chaudière à laquelle on croit depuis la plus haute Antiquité. Une sorte de cuisson du sang s'y opère : il devient plus rouge, écumeux, et se mélange avec l'air provenant des poumons pour faire ensuite un petit tour dans l'organisme et, parvenu aux extrémités du corps, il s'élimine avec la transpiration ! En constante consommation, le sang doit donc être produit en permanence et aucun circuit n'est ici envisagé. La circulation sanguine n'existe pas !

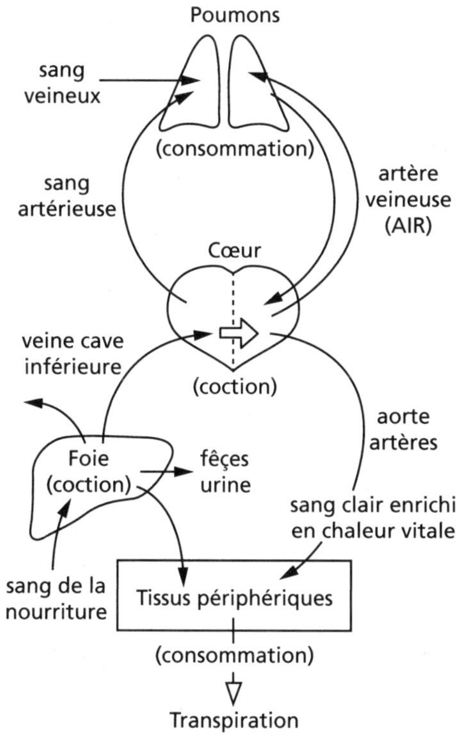

Schéma de la « circulation » selon Galien

Si Galien a dit beaucoup de choses exactes, on l'a compris, il s'est aussi beaucoup trompé ! Ce qui aura des conséquences considérables… Car au IIe siècle de notre ère se produit un événement majeur : la naissance de l'Église. Les Pères de l'Église en germe se cherchent des références, surtout en médecine où ils n'en ont pas. Par sa puissance de travail et son rayonnement, Galien est désigné comme LE médecin officiel, d'autant qu'il affiche son monothéisme. Ce qu'il a écrit va ainsi s'imposer comme parole d'évangile. Sa thèse sur le cœur est un dogme, il faudra désormais penser comme Galien (et ses erreurs). Au même titre que la théorie des humeurs de son illustre prédécesseur Hippocrate obscurcira les esprits pendant deux mille ans…

Ne sachant pas expliquer la santé et la maladie, Hippocrate se figurait l'homme tel un microcosme réunissant dans son corps les quatre éléments, existant sous forme liquide via le sang (air), la bile (feu), la lymphe (eau) et la bile noire (terre). Ces éléments doivent coexister en équilibre, disait-il, pour que nous soyons en pleine santé, tout déséquilibre mineur entraînant des sautes d'humeur, tout déséquilibre majeur un problème de santé. D'où les deux remèdes miracles qui resteront les deux seuls traitements à la disposition des médecins, en dehors de quelques plantes, jusqu'à Louis XIV : *saignare* et *purgare*, la saignée et la purge ! Il fallait éliminer l'élément en trop, soit dans le mauvais sang, soit dans les matières fécales. Louis XIV a ainsi eu droit jusqu'à 14 purges par jour, sans compter les saignées ! De toute cette théorie, nous sommes encore imprégnés : on se fait de la bile, du mauvais sang, notre voisine est lymphatique… Comme quoi, les idées fausses durent longtemps !

Il s'est produit sur le cœur la même chose avec Galien, dès le départ. Il faudra attendre la Renaissance et l'effervescence des villes italiennes pour que des découvertes majeures révolutionnent notre connaissance de notre organe central. Ce qui nous paraît si simple aujourd'hui est en réalité le fruit de siècles de conjectures, d'expériences, et surtout de sombres querelles. Rien n'a été simple dans cette découverte anatomique… essentielle !

3.

« T'en fais pas, tout va bien se passer. »

Lundi 4 octobre 2021, sept heures du matin, troisième étage de Pompidou. Salle d'op numéro 2. Le froid du bloc opératoire me transperce la peau. Endormi depuis la veille grâce aux médicaments, j'ouvre péniblement un œil. Ce bloc, c'est « le mien ». C'est ici que j'ai opéré tous les jours pendant plus de vingt ans. Allongé de tout mon long, je le vois à l'envers pour la première fois.

Le gros œil rond du Scialytique me fixe, au-dessus. Tout à l'heure, sa lampe surpuissante, faite d'un jeu de miroirs pour ne projeter aucune ombre et se focaliser sur une zone ciblée, transformera mon thorax ouvert en un caisson de lumière blanche. *Ding toc ding toc ding* ! Partout, tout autour, des appareils, des torsades de tuyaux dans tous les sens, des écrans qui me renvoient mes courbes, verte pour l'électrocardiogramme, rouge pour la pression artérielle, bleue pour la veineuse (elles ont l'air d'aller bien). À côté, le respirateur artificiel auquel je vais bientôt être raccordé, un tube dans la trachée. Poussée par Olivier, le perfusionniste avec lequel j'ai fait toutes mes opérations, la grosse machine de la circulation extracorporelle fait son entrée avec son entrelacs de tuyaux. Olivier, je travaille avec lui depuis tellement longtemps. Un sportif, champion de golf, un calme olympien. Il n'a pas l'habitude de me voir sous un drap. À sa façon de me regarder, là, je le sens un peu ému…

Tout autour, ça va et vient, ça court, je ne discerne que des masques et du bleu. Des habits bleus, des draps bleus – jamais de blanc dans les blocs opératoires, avec la lumière du Scialytique, il éblouirait les yeux des chirurgiens.

« Alors, Jean-Noël, on se retrouve un lundi matin ?! T'en fais pas, tout va bien se passer ! »

Penchée sur moi, je reconnais les yeux de Marie-Hélène, l'anesthésiste, qui me sourit. A-t-elle perçu une lueur vaguement inquiète sous mes paupières ? Elle est plus jeune que moi, Marie-Hélène, c'est une fondue d'anesthésie, elle peut vous parler pendant des heures de ses mélanges magiques de molécules qui ont supplanté l'éther des débuts. L'anesthésiste, dans notre spécialité, quand il endort son malade, celui-ci en prend pour six heures ! Marie-Hélène, je la connais depuis toujours, comme tous les autres qui sont là. Elle m'a accompagné dans le monde entier pour de multiples missions universitaires ou humanitaires.

Et puis je reconnais Marie, l'instrumentiste, malgré son masque et sa cagoule chirurgicale. Avec Marie, nous formons depuis des années une équipe soudée comme les doigts de la main, c'est le cas de le dire. Entre nous, plus besoin de mots, un seul regard suffit pour savoir s'il faut me passer la pince de Resano ou de Halsted, s'il y a urgence ou pas. Quand il faut passer l'aspirateur parce que ça saigne, quand je suis tendu, elle le sait tout de suite. À mon ton qui fait claquer les ordres, les uns après les autres : « Fil 4.0 », « Dissecteur ». L'atmosphère d'une salle de chirurgie est un huis clos, un univers à part si fort, si intime qu'il se passe de grandes tirades et se déroule suivant une liturgie silencieuse. Tout est dans la main, la précision de chaque geste, car la moindre erreur équivaut non seulement à un risque mais aussi à du temps perdu. Le mot « chirurgie » ne vient-il pas du latin *chirurgia*, qui vient lui-même du grec ancien, désignant un travail, une activité manuelle ?

Ils sont bien une dizaine de « manouvriers » à s'agiter autour de moi. Dans une salle de chirurgie cardiaque, c'est le minimum, en général : trois chirurgiens – le principal, son aide et l'interne –, l'infirmière instrumentiste qui passe les instruments, l'anesthésiste, l'infirmière anesthésiste, le perfusionniste, dédié à la circulation extracorporelle, la panseuse, véritable organisatrice de sa salle d'opération, qui en assure la sécurité et les contacts avec l'extérieur…

Et ils ne sont pas seuls, ils sont venus avec leurs meilleurs amis, alignés en rangs serrés sur les tables recouvertes de champs stériles : le bistouri, le bistouri électrique, les ciseaux et les pinces de tous les noms, toutes les tailles et toutes les courbures. Les mâchoires souples des clamps qui permettent d'écraser les vaisseaux sans les abîmer jouxtent des fils de toutes les épaisseurs – il doit bien y en avoir une vingtaine, des gros pour fermer la paroi aux petits pour coudre les coronaires… Les porte-aiguilles, ces sortes de pinces qui maintiennent l'aiguille quand on suture des tissus ou des valves à l'intérieur de la poitrine, sont préparés. Il y a aussi bien sûr les palettes, jamais loin, ces deux gaufriers reliés à un défibrillateur qui permettent de reprendre en une fraction de seconde, par un choc électrique de haut voltage, la commande des battements de votre cœur… Bref, tout est là pour moi.

Marie, la panseuse, d'habitude très volubile, me tapote la main : « Ça va ? » Je marmonne un « Oui » dans un sourire un peu diffus. Ma peur s'est évanouie, miracle des sédatifs préparatoires à l'anesthésie. À présent, je suis même totalement décontracté. Il vaut mieux. Non seulement j'ai une aorte grosse comme un ballon mais, en plus, des examens complémentaires m'ont trouvé un rétrécissement sur une coronaire, totalement asymptomatique. Je m'entends encore dire à mes adjoints : « Vous allez me faire un pontage. » Ils le savaient, bien entendu.

Je tends mon bras. Je sens la pointe d'une aiguille s'enfoncer dans mon épiderme.

« Vous allez dormir. »

Mon souffle ralentit. Ma chair s'allège. Je n'ai plus de solidité. Je fixe le plafond. Blanc comme le ciel, comme les nuages qui m'aspirent.

Bientôt, pendant que je danserai au-dessus des toits, on va m'arrêter le cœur. Il sera vidé de son sang. Et dans quatre ou cinq heures, je reviendrai de l'au-delà avec un morceau de plastique à la place de l'aorte, un pont au-dessus de mes artères et un fil d'acier autour du sternum.

4.

Diafoirus en chair et en os

« Le pouls de monsieur est le pouls d'un homme qui ne se porte point bien. [...] il est duriuscule, pour ne pas dire dur [...]. Repoussant. [...] Et même un peu caprisant [...] ! »

Saviez-vous que les Diafoirus père et fils, ces cuistres de médecins tirés de l'imagination de Molière, qui nous ont tant fait rire dans *Le Malade imaginaire*, sont en fait le fruit des sourdes querelles sur le cœur qui ont agité les médecins depuis l'Antiquité ? Que les dissensions séculaires sur notre organe vital ont fini par émouvoir jusqu'à Versailles, poussant Louis XIV à prendre position et à trancher en faveur d'un médecin anglais, William Harvey, dont il n'avait jamais entendu parler ? C'était bien la première fois qu'on voyait un roi se prononcer dans les sciences de la vie !

À la cour, le scandale enflait, même les chansonniers et les poètes avaient pris parti : pour ou contre la circulation du sang ? Les plus grands noms, Boileau, La Bruyère, La Fontaine, s'en mêlaient, fourbissant leurs plumes les plus caustiques pour montrer qu'ils avaient bien compris, eux, les progrès du sang. Mais que s'était-il donc passé pour qu'on en arrive à un tel micmac ? Quelle folle théorie ce diable de Harvey avait-il mise au jour pour se prendre de plein fouet, au tournant du XVIIe siècle, toutes les facultés de médecine d'Europe et l'Église catholique en prime ?

Il avait tout bonnement publié un livre sur la circulation sanguine... qui avait mis à mal tout l'édifice théorique de « saint » Galien ! Impossible d'imaginer le torrent de haine qu'a pu engendrer, à l'époque, un ouvrage qui nous explique parfaitement... tout ce que nous savons aujourd'hui ! De Gui Patin, doyen de la faculté de Paris, moquant « la circulation du sang, son transport circulaire par les vaisseaux », tout droit venue de « l'enfantement d'un esprit oisif », à Primerose, en Angleterre, raillant ses observations d'« un cœur pulsatile dans les limaçons, les mouches, les abeilles et même chez les squilles », en passant par Riolan, l'anatomiste le plus célèbre de l'époque, imbu de son titre de médecin personnel de la reine de France, qui n'a pu s'empêcher de lui affirmer qu'il était à la source « de nombreuses sottises », Harvey en a vraiment pris plein la tête...

Pour comprendre un tel déchaînement de passions, il nous faut repartir quelques siècles en arrière, dans une grande odyssée, non pas en France mais au cœur de la Renaissance italienne, plus exactement entre Venise, la Sérénissime, et Padoue, la Harvard de l'époque, dont l'université rayonne alors dans toute l'Europe.

Venise, 1486. Sur la place Saint-Marc, la voix du chœur s'élève dans les airs : « Celui-ci est messire le Doge ! » Augustin Barbarigo vient d'être élu doge de la République de Venise. La cité lagunaire est devenue l'une des principales puissances économiques européennes grâce au commerce maritime. Le doge est un homme de pouvoir et celui-ci va rapidement prendre plusieurs décisions, dont le fait d'appeler à ses côtés un certain Andrea Alpago, comte de Belluno, pour lui confier une mission aussi secrète que stratégique. Aristocrate, le jeune homme a choisi de devenir médecin. Il a été formé dans la grande université de Padoue, qui réunit les plus grands intellectuels et scientifiques du temps. Fait exceptionnel, Alpago a aussi appris l'arabe, qu'il parle couramment. Il est l'homme qu'il faut au doge, dont il va devenir l'espion à la cour du sultan de Damas, au sein de la délégation vénitienne… Car c'est de Damas que partent toutes les caravanes qui vont en Chine. Or Barbarigo est inquiet. Il a appris que des Portugais empruntent une autre voie que celle de la Méditerranée, qu'il contrôle, pour aller vers « les Indes » : ils passent par l'Afrique. Et puis le doge veut saisir les intentions des Ottomans, des Mamelouks et des Perses à l'encontre de l'activité commerciale de Venise. Hors de question de rester les bras croisés face à ces nouvelles menaces ! Il enjoint donc au jeune Alpago d'ouvrir ses yeux et ses oreilles :

« Tu pars comme médecin de la délégation vénitienne. Et pour éviter les soupçons, puisque tu connais bien l'arabe, on dira aussi que tu es chargé par l'Université de te pencher sur les textes médicaux anciens. »

À Damas, le jeune Andrea fait rapidement son trou à la cour du sultan et se met à traduire en latin de nombreux textes, dont les cinq livres du *Canon* d'Avicenne. Avicenne, de son vrai nom Ibn Sina, un génie perse de l'histoire de la médecine, qui a produit une œuvre considérable, à commencer par ce fameux *Canon* qui reprend les livres d'Hippocrate et de Galien, dont les travaux sont toujours considérés comme des références irréfutables... Nous y venons !

À force de fouiller les archives, un jour, Andrea tombe sur un curieux manuscrit. L'auteur : un certain Ibn al-Nafis, médecin du Caire au XIIIe siècle, dont il n'a jamais entendu parler, pas plus que les autres médecins arabes autour de lui. Ce texte s'intitule « Commentaires sur le *Canon* d'Ibn Sina » – le fameux *Canon* d'Avicenne. Mais surprise, loin d'être de simples commentaires, il s'agit plutôt d'un exposé, lumineux, sur les idées totalement novatrices de son auteur. Dont quelques-unes qui renversent tout ce qu'a dit Galien. Et même toute l'anatomie connue ! Le cœur, ici, n'est plus un chaudron dans lequel le sang veineux se transforme en sang artériel par un processus de cuisson, mais tout autre chose !

Dès 1242, Ibn al-Nafis décrivait ainsi parfaitement l'existence d'un circuit du sang passant par le cœur, d'une « petite circulation » pulmonaire. Une fois que le sang avait été admis dans la cavité droite du cœur, il devait nécessairement passer dans la cavité gauche, « là où se forme le souffle vital ». Or il constatait qu'il n'y avait pas de passage entre les deux, rien qui permette le passage du sang comme l'avait imaginé Galien. « Les pores en cet endroit sont fermés et la substance du cœur épaisse. » C'est donc que le sang devait trouver un chemin extérieur et faire un détour par les poumons ! Ibn al-Nafis en concluait que le sang noir (peu oxygéné) du ventricule droit était poussé vers les poumons par l'artère pulmonaire pour y être oxygéné avant de revenir bien rouge vers le ventricule gauche du cœur par les veines pulmonaires. Le souffle vital venait bien du « sang mélangé à l'air ». Révolutionnaire pour l'époque ! *Allahu akbar !* Dès 1242, on savait donc que le cœur était un organe relié à tout le reste du corps par un réseau circulatoire essentiel à la vie. Un nœud autoroutier où le sang rentre et sort pour aller irriguer tout l'organisme.

Mais qui est cet Ibn al-Nafis ? D'où vient-il ? Comment a-t-il pu en arriver à pareille conclusion ? Pour le coup, c'est le sang d'Andrea qui ne fait qu'un tour. Intrigué, il mène l'enquête. L'homme est un drôle de personnage, médecin-chef de l'hôpital Al-Nouri du Caire, très riche, célibataire. D'une science étonnante, on l'appelle comme consultant sur tous les cas difficiles, on le compare même au divin Avicenne dont il connaît l'œuvre par cœur. Bibliophile compulsif, il a une collection incroyable de livres médicaux qui seront légués à sa mort à son hôpital. Quand l'envie d'écrire le prend, il peut rester des jours et des nuits sans manger, seul, à rédiger frénétiquement. Alors par quel miracle a-t-il pu faire une telle découverte ? En disséquant ? Dans ses préambules, il affiche pourtant son attachement à la religion et au respect de l'interdit de la dissection du corps humain, insistant sur l'intérêt des études animales. Mais soyons clairs… La qualité de ses constatations anatomiques ne trompe pas ! Ibn al-Nafis a toujours été un médecin hospitalier, ce qui lui a facilement permis de se procurer des « sujets » propices à ses études. Ainsi au nom de la science s'est-il à l'évidence permis quelques transgressions…

Peut-on imaginer que c'est ce manuscrit, surgi du néant, qui va donner tout son relief à la suite de l'histoire ? Notre jeune traducteur, Andrea Alpago, en a immédiatement saisi, lui, la portée. En s'attaquant à Galien, la référence absolue de l'Église, ces pages vont, il le sait, bouleverser tout le monde médical et religieux. S'il en parle trop, il ne risque rien de moins que le délit d'opinion et l'Inquisition… Voilà pourquoi, quand il rentre à Padoue en 1520, nanti de sa découverte, Alpago ne la crie pas trop fort sur les toits. Quelques mois plus tard, il meurt d'ailleurs brutalement au cours d'un dîner. A-t-il mal digéré ou été empoisonné ? Fort heureusement, prudent, il avait pris soin de communiquer ses traductions des commentaires d'Ibn al-Nafis à son neveu Paolo, lequel commencera à les publier en 1527 à l'aide d'éditeurs discrets choisis parmi les juifs du ghetto – même si Padoue, appartenant à la puissante République de Venise, connue pour sa tolérance religieuse, ne craint normalement pas les retours de bâton de l'Inquisition.

La médecine, qui vient contrecarrer le grand ordonnancement de la religion et des pères antiques, avance sur la pointe des pieds et l'existence d'une « petite circulation » ne se murmure encore que sous le manteau… D'Ibn al-Nafis à Harvey, il reste encore un long chemin pavé d'embûches et de bûchers !

5.

La première fois que…

La première fois, la toute première fois que j'ai vu un cœur humain, vivant, sorti d'une poitrine. La première fois que j'ai vu l'interne le soulever. Je m'en souviens encore.

Le temps s'était arrêté, sauf pour lui. Il était là, sous mes yeux, telle une grosse poire rouge vif, sillonnée d'artères sur un lit de graisse jaune. Et il battait ! On aurait dit qu'il respirait. Ce sont ces tressautements, ce mouvement, qui m'ont le plus impressionné, par le contraste qu'ils offraient aussi avec l'immobilité toute relative de ce qui les entourait. De chaque côté, on devinait les poumons, ondoyants, mais rien à voir avec la puissance scandée, vitale, du cœur.

On en parle souvent comme d'une pompe. Mais quand vous voyez un cœur, vous ne pensez pas du tout à une pompe, vous ne voyez que cet organe qui bat, qui bat, qui bat tout seul, tel un métronome. C'est ça qui est extraordinaire, la première fois. Pourquoi il bat ? On ne sait pas très bien, mais il bat ! C'est vraiment l'impression qui reste, et qui nous fait penser que le cœur, c'est la vie, le symbole par excellence de la vie.

Je crois que c'est à ce moment-là, très précis, que s'est faite la prise de conscience de mon futur métier de chirurgien cardiaque. La prise de conscience de la permanence de ce mouvement qui, même sorti du corps, semble réglé comme une pendule. Comme si ces battements étaient éternels, défiant le temps, l'espace, imposant leur message de puissance de vie. Car le cœur est autonome, il ne dépend ni des nerfs ni du cerveau pour se contracter, comme tous les autres muscles. Si vous déconnectez le poumon du cerveau, il arrêtera de fonctionner, pas le cœur. Au cours d'une transplantation cardiaque, alors même que l'on vient de le détacher de toutes ses connexions, il continue de battre dans la cupule où vous le posez ! Et si vous lui assurez une perfusion pour le nourrir, il poursuivra ses mouvements sans qu'on le sollicite de l'extérieur, comme si de rien n'était... Vous (c'est-à-dire votre cerveau) pouvez être mort, dans les minutes qui suivent il continuera quand même de s'activer, sous l'impulsion d'une pile interne qui lui est propre !

Cette vision de ce cœur en l'air m'a marqué à jamais. Comme ce geste qui consiste, une fois l'enveloppe du cœur incisée, à aller chercher l'organe pour le voir dans sa totalité.

Voir derrière, voir s'il n'y aurait pas quelque chose qui nous aurait échappé sur les images des examens, puisque rien ne vaut l'examen du vivant.

Ce geste, qui terrorise tous les jeunes internes, a un nom consacré : luxer le cœur battant. Luxer, en médecine, veut dire « quitter sa cavité ». On connaît tous la luxation de l'épaule, on connaît moins celle du cœur battant, cette manœuvre pour le moins délicate qui nous fait sortir le cœur de son berceau, en vérifiant en permanence sur les écrans qu'il va bien, n'est pas trop secoué de troubles du rythme et que la pression, mise à mal par une station subite à la verticale, reste correcte. On voit immédiatement la réaction sur les courbes qui s'affolent, car le cœur, d'ordinaire allongé, n'aime pas la station debout, il ne peut plus pomper normalement. Vous le relâchez et le remettez dans sa loge, il se tranquillise aussitôt ! Moment clé où l'adrénaline circule à flots dans les veines de celui qui le tient entre ses mains. En tout cas les premières fois, puisque ensuite le temps et l'expérience font leur œuvre et ce geste tant redouté devient, un jour, machinal.

Extraordinaire organe, niché au centre de notre thorax, entre nos poumons, pointe tournée vers la gauche, qui ne mesure que 12 centimètres de long, pèse environ 300 grammes et bat pourtant en moyenne 4 800 fois toutes les heures, soit 3 milliards de fois dans une vie, tout en pompant 8 000 litres de sang par jour – la masse sanguine d'un adulte étant d'environ 5 litres, le cœur fait donc circuler tout ce sang environ 1 600 fois par jour dans l'ensemble du corps ! Et tout cela sans jamais s'arrêter, sans jamais prendre de pause pour souffler, au risque sinon de détruire définitivement la machine dont il a la charge, c'est-à-dire nous-mêmes. Des chiffres qui donnent le vertige. Quelle autre machine biologique est capable de telles performances ?

6.

M. « Nonos » a du cœur : souvenirs, souvenirs

Cet incroyable organe, je le revois encore. Il fait froid, dans la salle de « sciences nat » du collège Chaptal. Au tableau, « Nonos », chapeau sur la tête, prend son temps pour choisir avec le plus grand soin deux craies, l'une rouge, l'autre bleue.

« Nous allons voir comment fonctionne notre cœur… Le muscle cardiaque, que l'on appelle aussi le myocarde, est divisé en deux grandes parties : le cœur droit et le cœur gauche… »

Le cœur droit en bleu.

Le cœur gauche en rouge.

J'ai longtemps cru que ce choix des couleurs était purement graphique ou limité par les craies à disposition. Pas du tout.

« Le sang chargé d'oxygène, rouge vermillon, part du cœur gauche pour nourrir les tissus et les organes. Une fois qu'il leur a apporté oxygène et nutriments, il retourne, grâce au circuit veineux, vers le cœur droit. Il est alors bleu foncé car il a perdu son oxygène et il s'est chargé de gaz carbonique. Il emprunte les veines caves inférieures (sous le cœur) et supérieure (au-dessus), toutes deux se jetant comme deux fleuves dans l'oreillette droite… »

Nonos s'est lancé dans une grande explication. Il nous tourne le dos en dessinant de grandes boucles sur son tableau.

Nonos, mon professeur de sciences naturelles de troisième. Il s'appelait en réalité M. Duval, alors pourquoi Nonos ? On peut facilement imaginer ! Il était affublé de ce surnom, comme de son chapeau et de son vieux pardessus, depuis des générations puisqu'il n'était plus tout jeune quand je l'ai connu à Chaptal. Tout le monde se moquait de lui pendant le cours avec son air de petit vieux qui radotait ; pas moi. Parce que ce qu'il racontait était tout simplement incroyable. À la fondation d'un être humain, à la source d'une soif de connaissance, il y a souvent un prof. C'était lui. Devant son tableau et ses fioles de chimiste, Nonos m'a emmené, d'emblée, en voyage au centre de la vie. Chacune de ses envolées prenait l'allure d'un grand mystère. Je me souviens encore de la fois où il s'est pris de passion pour le sphénoïde, un os à la base du crâne ignoré de tous, où est pourtant logée l'hypophyse, la glande commandant en chef de toutes les hormones du corps. Il nous parlait de ses ailes car on aurait dit qu'il prenait son envol telle une chauve-souris magique ; tout le monde était largué, moi le premier ! Mais en s'enfonçant dans la boîte noire, il nous entrouvrait tout un monde. Ce soir-là, la première chose que j'ai faite en rentrant chez moi, c'est d'ouvrir un livre. Ce n'était qu'un os, rien qu'un os… Mais qu'il veuille parler de celui-là, d'une complexité inconnue, à des élèves de troisième, hors programme, était en soi extraordinaire. Alors le cœur…

« L'oreillette droite se vide de son sang dans le ventricule droit qui, quand il se contracte, l'envoie à son tour dans les poumons par l'artère pulmonaire… »

Sur ma chaise, je bois ses paroles, je dévore des yeux le voyage du sang riche en gaz carbonique vers les poumons, qui se dessine en bleu.

« Là, dans les poumons, au contact de l'air contenu dans les alvéoles, le sang est oxygéné et le gaz carbonique éliminé. Il devient à nouveau "rouge" et revient par les veines pulmonaires dans l'oreillette gauche, puis franchit la valve mitrale[1] pour se retrouver dans le ventricule gauche. De ce ventricule, il est poussé par chacune de ses contractions vers l'aorte, la plus grosse artère du corps qui va donner naissance à l'ensemble des artères et artérioles qui irriguent les tissus et les organes… »

Nonos a fini son dessin, que voici, en substance. Il s'essuie les mains pleines de craie sur son vieux manteau. Je reste interdit devant ce double circuit que je n'imaginais pas. Je suis donc fait de ça, de sang rouge et de sang bleu ! Un réseau de 10 000 kilomètres de canalisations… la distance entre Paris et Tokyo !! Entre les artères, les veines, les artérioles, les capillaires, il y en a de tous les calibres !

La différence entre les artères et les veines ? J'ai bien retenu : « Les artères partent du cœur, les veines reviennent au cœur ! Les artères sont plus épaisses pour résister à la pression, quand il y en a très peu dans les veines. »

Nonos pointe son doigt en l'air : « En d'autres termes, notre cœur se comporte comme une pompe… »

1. Cette valve se nomme « mitrale » car elle est composée de feuillets qui ressemblent à une mitre d'évêque.

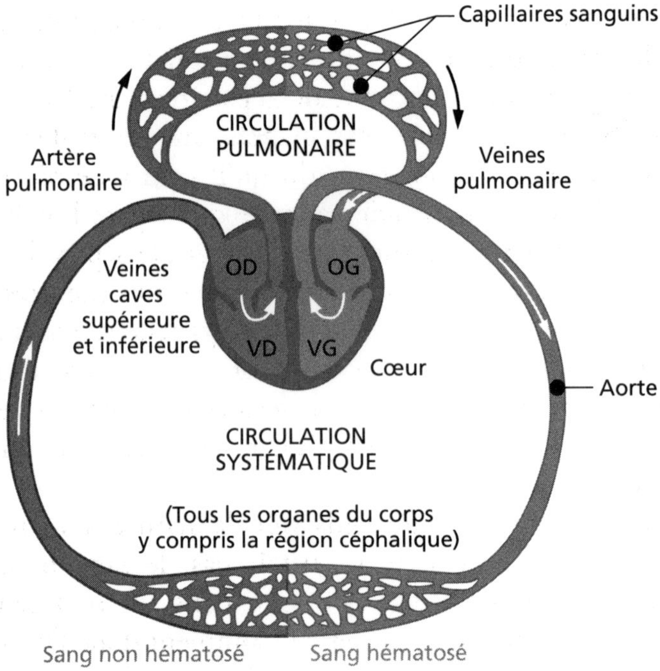

La circulation sanguine

Partons du ventricule gauche du cœur : le sang vient d'être oxygéné par son passage dans les poumons. Il est éjecté dans l'aorte qui le distribue à tous les organes et tissus périphériques. Après son passage dans le réseau capillaire, le sang chargé de gaz carbonique est drainé par les veines qui le conduisent vers les cavités cardiaques droites. C'est ce qu'on appelle la grande circulation. Puis il est éjecté vers les poumons pour être réoxygéné et se collecte dans les veines pulmonaires pour rejoindre l'oreillette gauche. C'est la petite circulation.

Une pompe foulante et aspirante. « Si on résume, quand le cœur se contracte (ce qu'on appelle la systole), il propulse le sang dans les artères. Quand il se relâche (ce qu'on appelle la diastole), il se remplit du sang arrivant par les veines dans l'oreillette. Et pendant toutes ces grandes manœuvres, le flot sanguin est contenu et dirigé par des valves qui jalonnent tout son trajet et sont autant de barrages qui l'empêchent de repartir en arrière… »

Des joints essentiels, ces clapets qui contrôlent des fleuves de sang ! Nonos nous dit qu'il y en a de plusieurs formes. La valve tricuspide est celle qui sépare l'oreillette droite du ventricule droit. La valve mitrale sépare l'oreillette gauche du ventricule gauche. Elle subit une pression terrible, celle-là. Quand le ventricule gauche se contracte, c'est pour envoyer du sang dans l'aorte puis dans tout le corps. La mitrale doit donc se fermer et résister à ce jet fabuleux de sang pour l'empêcher de revenir en arrière dans l'oreillette.

C'est là que je comprends que la nature a bien fait les choses : si l'oreillette n'existait pas, le sang pourrait refluer ! Là, il ne peut partir que dans un seul sens… Quelle extraordinaire ingénierie ! Comment donc l'homme pouvait-il être doté d'une telle pile engendrant pareilles contractions ? Que signifiaient ses battements, ses accélérations subites, ses ralentis ? Au fil des semaines, les cours de Nonos ont semé en moi des graines, des interrogations. L'anatomie était pour moi un labyrinthe dont je cherchais le trésor au milieu des manuels, des entrelacs de veines rouges et bleues, sans en percer la complète réalité. Sans compter que Nonos ne se contentait pas de nous délivrer la fonction des organes en nous en faisant miroiter la complexité ; il nous contait, en parallèle, la vie des grands hommes qui les ont étudiés. Je me souviendrai toute ma vie de Mendel et de ses petits pois. Mendel, ce mathématicien et moine, tout seul dans son jardin, qui a fait 20 000 croisements entre des petits pois lisses et des petits pois ridés, des pois petits ou grands, pour démontrer toutes les lois de l'hérédité, en étudiant la transmission de sept caractères différents.

Quand il a eu fini ses travaux, il est allé les présenter devant une société savante. Avec tant de calculs que tout le monde s'est endormi ! « Vous ne m'avez pas écouté, mais mon heure viendra ! » Son heure est effectivement arrivée cinquante ans plus tard !

Le jour où, en 1965, alors que j'étais au lycée, trois Français ont décroché le prix Nobel de médecine, je me souviens de mon avidité accrue à vouloir percer les secrets du corps humain. François Jacob, André Lwoff et Jacques Monod avaient découvert comment, dans la cellule, le message qui se trouve dans le noyau, c'est-à-dire l'ADN, était transmis au cytoplasme de la cellule pour fabriquer toutes les protéines nécessaires à la vie. Ils avaient mis le doigt sur ce mécanisme d'une complexité incroyable qui fait le mystère de la vie, « l'essentiel du vivant ». Cette expression m'avait ébranlé car elle touchait non seulement à l'homme mais à tout ce qui vivait, les plantes, les algues, les bactéries. Tout le monde obéissait à la même règle, à un code génétique qui doit s'exprimer pour faire vivre un organisme vivant. C'était la grande période des recherches sur l'ADN. On découvre que l'ADN est le plan de fabrication de l'organisme, le mode d'emploi pour produire les protéines qui seront indispensables à nos cellules. L'ARN messager, ce sont les coursiers de l'usine qui apportent une photocopie du plan aux ouvriers sur les chaînes de montage.

C'est bien dans ces années-là que mon envie a mûri. Un soir, à la fin du cours, je suis allé voir Nonos et je me suis planté devant lui :

« Monsieur, je veux faire de la recherche en biologie.

– Malheur ! Surtout pas ! D'abord, tu deviens médecin ! Ensuite, tu feras ce que tu voudras ! » m'a-t-il répondu, avant de m'expliquer que les biologistes étaient les soutiers de la science !

J'ai choisi la médecine. J'ai choisi d'avoir du cœur.

7.

« L'âme de Dieu est dans le sang. »

Padoue, 1553. Des torches éclairent faiblement la pénombre glacée qui baigne l'une des grandes salles de l'université. Allongé sur un autel, un corps à la peau laiteuse, démantibulé. Des mains fouillent ses entrailles en putréfaction. Le geste ne tremble pas ; la lame incise, tranche. Dans l'assemblée qui retient son souffle, Michel Servet, un Espagnol, un érudit de son temps qui s'intéresse à tout, de la science à l'astrologie en passant par la théologie, assiste, ébahi, à l'une des dissections publiques du maestro, un certain Realdo Colombo. Colombo n'est pas n'importe qui. À la chaire d'anatomie de l'université, il est le successeur du Bruxellois André Vésale, celui qui, en quelques années, en est devenu le père.

Dans sa jeunesse, Michel Servet l'a d'ailleurs côtoyé, ce Vésale, sur les bancs de la faculté de médecine de Paris. Il nourrissait déjà une folle passion pour le corps humain, lui qui habitait tout près du gibet de Montfaucon où étaient pendus tous les condamnés à mort de la ville et dont il demandait régulièrement les dépouilles… Les croyants catholiques voyant d'un très mauvais œil la découpe de chair humaine, les actes de chirurgie étaient alors confiés aux barbiers (car ils avaient la lame la plus tranchante !).

Leurs démonstrations en fac de médecine s'assimilaient ainsi plus à de la boucherie qu'à autre chose !

C'est grâce à Vésale que l'anatomie est devenue une véritable science et que l'on a commencé à comprendre que les organes obéissent à un fonctionnement complexe. D'autant que pour incarner son savoir, le Flamand a non seulement pris l'habitude de nommer tout ce qu'il voit (la tête du fémur, le col du fémur, la rate, le pylore, la veine azygos et ainsi de suite) mais il a eu une autre idée de génie : demander à un dessinateur, élève du Titien, de venir assister à ses dissections pour reproduire minutieusement les organes au moment ils sont découpés. Il en a tiré un livre extraordinaire, écrit à Padoue, *La Fabrica*, où l'on découvre un à un, pour la première fois, tous les organes du corps humain. Au passage, il a réfuté pas mal de croyances de Galien, ce qui a suscité un grand vent de scandale et lui a mis à dos l'Église…

Là-dessus, Michel Servet, notre Espagnol, arrive, lui aussi, à Padoue, où il croise Paolo, le neveu d'Andrea Alpago, qui n'est autre que l'élève de Realdo Colombo (le monde est petit, même à l'époque). Et c'est vraisemblablement là, pendant les dissections publiques de ce dernier, que Servet comprend ce qui fait encore débat, à savoir la petite circulation sanguine, puisque dans un livre intitulé *La Restitution du christianisme* qu'il publie en 1553, pour la première fois en Europe, il va parfaitement la décrire… en cinq pages !

Pourquoi ce passage d'anatomie dans un livre de théologie qui s'affiche par ailleurs contre l'autorité du pape ? Explication simple : « L'âme de Dieu est dans le sang, dit la Sainte Écriture ; elle est soufflée par Dieu à travers la bouche et les narines, et va se loger dans le ventricule gauche. Donc pour bien comprendre les pérégrinations de l'âme, il faut connaître la marche de l'air et du sang. » Drôle de façon de masquer ses hérésies, qui finiront par le conduire au bûcher !

Par un curieux détour de l'histoire, Michel Servet s'avère ainsi être le tout premier Européen à décrire la petite circulation pulmonaire – avant même le propre livre de Colombo qui, lui, paraîtra en 1559, affirmant bien que la transformation du sang de couleur sombre (veineux) en sang rouge écarlate (artériel) s'effectue dans les poumons.

Beaucoup d'éléments, pourtant, plaident contre la paternité de Servet dans cette découverte, puisque nous savons aujourd'hui que sa description de la petite circulation présente une similitude surprenante, jusque dans les moindres détails, avec celle d'Ibn al-Nafis, le médecin du Caire qui l'avait déjà faite. Selon toute probabilité, Servet connaissait ses travaux via les traductions d'Andrea Alpago, publiées par le neveu Paolo. Travaux qui ont été passés sous silence. En clair, on a considéré comme une nouveauté occidentale une découverte arabe publiée deux siècles plus tôt…

8.

Le chemin le plus court

Comment faire, pour y aller… droit au cœur ? Il faut effectivement aller voir ce qui se trame sous la peau, au cœur du thorax, au propre et au figuré. Le meilleur chemin, c'est le plus court.

D'abord, il faut ouvrir le sternum. L'exercice, délicat, ne se fait pas au bistouri, impossible, mais à la scie circulaire – la même que celle de l'artisan. Le corps n'étant pas un morceau d'épicéa, il faut évidemment prendre garde à ne pas trop enfoncer la lame car il n'y a pas beaucoup de marge, et même pour ainsi dire pas du tout. 1 centimètre, 2 centimètres, guère plus.

Comment ai-je fait pour apprendre ? Je me suis entraîné… sur le vivant ! Plus tard, quand j'ai eu à mon tour des internes, je leur disais toujours : « Tu vas regarder dix fois les gestes, dix fois je t'aiderai et ensuite tu feras tout seul mais je ne serai pas loin. » Alors au départ, j'ai beaucoup observé. Le chirurgien que je suivais assidûment dans toutes ses opérations à l'hôpital Broussais a dû me donner quelques conseils utiles, du style : « Tu mets bien la scie dans ce sens, bien perpendiculaire… Et ne dévie pas, surtout, reste bien au milieu. »

C'est la règle, en effet, bien rester au milieu ! Dévier,

c'est prendre le risque d'un côté comme de l'autre de couper les côtes, qui s'insèrent sur le sternum. Et aller trop profond, c'est prendre un risque encore plus problématique : lacérer l'aorte dessous, surtout si jamais le patient présente un anévrisme de l'aorte ascendante, c'est-à-dire une dilatation qui peut affleurer la table profonde de l'os.

Il ne suffit pas de scier le sternum, encore faut-il l'ouvrir ensuite. Et ce n'est pas si facile. Car une fois coupé, l'os n'a aucune raison de quitter sa position naturelle. Il reste en place, telle une cage enserrant le cœur pour le protéger. Pour ce faire, un écarteur doté d'une crémaillère est placé de part et d'autre sur ce qu'on appelle les berges sternales, comme si l'on cherchait à dégager le passage d'un fleuve sur un terrain à sec, et on tourne la crémaillère pour ouvrir tout doucement, pas trop vite. Là, encore, il faut s'y employer car le corps résiste. On n'a pas le sentiment de tourner un moulinet de moulin à café ! On pratique une véritable intrusion dans le corps humain.

Ensuite, on rencontre les tissus. Les organes ne flottent pas dans le corps dans une sorte de liquide amniotique, détachés de tout, au milieu d'un maillage de veines ! Ils sont entourés de membranes séreuses, autant de revêtements lisses, lubrifiés, qui permettent de diminuer les frottements occasionnés par les mouvements – respiratoires en l'occurrence. La lubrification, procédé industriel essentiel qui permet de réduire les frictions entre deux pièces en mouvement, c'est le corps humain qui l'a inventée ! Le sternum béant, entre les deux grandes mâchoires des écarteurs, on tombe ainsi sur deux tissus brillants, translucides : les plèvres, qui entourent chacun des deux poumons. Comme elles se touchent devant, il faut les repousser pour ne pas les ouvrir, ce qui ferait sinon entrer de l'air, occasionnant un pneumothorax. Pas dramatique mais si on peut l'empêcher, c'est mieux, cela évite la mise en place d'un drain supplémentaire !

Une fois les lèvres des plèvres étirées, surgit une sorte de gros sac fibreux, jaune pâle, qui enveloppe le cœur et les racines des gros vaisseaux sanguins : c'est le péricarde, une membrane qui a la même fonction que les plèvres.

Le péricarde n'est pas un sac en plastique que l'on peut déchirer d'un coup d'ongle, il est au contraire très résistant ; figurez-vous un drap, assez épais, de 1 ou 2 millimètres, qu'il va falloir inciser, lui aussi, au bistouri électrique. Toujours commencer par le bas, car on a moins de chances d'être au-dessus d'une zone très sensible ! On entre en effet dans une zone à haut risque, où il faut absolument faire les gestes les plus sûrs possibles, car il n'y a aucun marchepied et tout dérapage aura un enjeu vital.

En haut de la zone siègent enfin l'aorte et l'artère pulmonaire ; en bas, le ventricule droit, donc on sait qu'on est tranquille sur 1 ou 2 centimètres, pas plus. Quand on est jeune et encore peu expérimenté, on fait d'abord un trou puis on finit l'incision aux ciseaux, en y allant doucement. Si jamais vous faites une bêtise et vous percez l'aorte ? Vous mettez le doigt dessus et vous faites vite un point !

Une fois que notre péricarde est découpé, bien droit, la plongée dans les grandes profondeurs peut commencer.

Ce qui apparaît en tout premier, c'est un massif, rouge pâle : le ventricule droit – celui qui, en se contractant, envoie le sang s'oxygéner dans les poumons. En haut et à gauche de l'incision, dans le prolongement de son antichambre (l'oreillette droite), le ventricule est recouvert d'une petite langue qui retombe sur le cœur. Elle sera très utile au chirurgien, cette langue, quand il devra planter des canules dans l'oreillette, car il va s'en servir comme d'une base pour faire une bourse enserrant la canule supérieure.

Ce massif ventriculaire se poursuit, en haut, par deux gros boyaux qui sortent du cœur. Deux énormes vaisseaux de 3 centimètres de diamètre chacun, formant comme deux goulets en surplomb du muscle. Impossible de les confondre ceux-là. D'un côté l'aorte, jaune ; de l'autre, l'artère pulmonaire, rouge-bleu, qui ressemble plus à une veine qu'à une artère – les anciens l'appelaient d'ailleurs l'artère veineuse, car sa pression est beaucoup plus faible que celle de l'aorte.

Ensuite, le regard s'attarde sur le sillon des artères coronaires, un sillon non pas rouge mais jaune rosé. Ces artères en couronne (d'où leur nom), fines (3 à 4 millimètres de diamètre), serpentent joliment sur le muscle cardiaque, contrairement aux autres artères viscérales qui pénètrent au centre des organes. Comme eux, le cœur a besoin d'un apport continu en sang oxygéné pour fonctionner et dispose de son propre système de vaisseaux. Ce sont ces fameuses coronaires, qui y cheminent en surface. Incroyable justesse, là encore, des solutions sélectionnées par l'évolution : comment auraient pu fonctionner des artères nourricières au centre d'un muscle dont la contraction aurait inévitablement entraîné un problème, l'occlusion du vaisseau ? Il fallait bien que les coronaires circulent à l'extérieur du cœur et non dans l'épaisseur.

D'un coup d'œil, on les jauge, ces coronaires. Comme bien souvent, le geste chirurgical va porter sur elles, notamment pour des pontages, on regarde si elles sont infiltrées de graisse ou dures par endroits.

Chaque fois, ce qui m'impressionne le plus, c'est indéniablement l'aorte, tendue par la pression, qui forme comme une crosse pour partir dans le dos. Elle est chargée, dans tous les sens du terme, imprégnée de gravité. Sa présence semble nous défier et impose le respect car le moindre faux pas, un coup de ciseau maladroit, et la vie du malade est engagée. La moindre plaie et ça va saigner très fort. Vraiment très fort.

À côté de l'aorte, l'artère pulmonaire semble prendre son envol. Elle paraît toujours si fragile, celle-là. Il ne faut surtout pas lui tirer dessus trop fort. Avec elle, il faut faire attention, la manipuler avec une pince atraumatique, qui pince sans léser l'organe, ne pas l'enserrer, elle n'aime pas. Le mieux est de ne pas y toucher. Car le stade suivant, celui qui succède à une observation rapide et à la luxation du cœur que l'on a reposé dans sa loge pour le tranquilliser, c'est bien celui où l'on doit faire des gestes directs avec des instruments qui coupent ou qui piquent sur le cœur lui-même, ou sur l'aorte et l'artère pulmonaire. Là, entre en jeu toute votre habileté chirurgicale. Pas le droit à l'erreur !

La chirurgie cardiaque, formidable école de confiance et de modestie.

9.

Galilée et les grenouilles

Il fait nuit noire. Les ruelles de Padoue, si chatoyantes le jour, se sont transformées en coupe-gorge. Une ombre se presse le long des murs, la main serrée sur une dague. William Harvey, notre médecin anglais, né en 1578, part retrouver dans une auberge le petit groupe d'amis qu'il fréquente presque chaque soir. L'heure des « compaings », à l'Albergo, toujours prêts à refaire le monde en débouchant des flacons.

Parmi ceux qui viennent vider leurs gobelets, il y en a un qui émerge du lot. Un être d'exception, un jeune professeur de mécanique à l'université de Padoue dont Harvey boit les paroles : il s'appelle Galileo Galilei. Harvey est fasciné par tout ce qu'il raconte dans le petit cercle de l'Albergo. Certes, dans la journée, à l'université, Galilée enseigne le monde selon Ptolémée : la Terre est une planète et le Soleil se déplace autour… Mais le soir à l'Albergo, il se murmure bien d'autres choses et l'univers se colore d'une tout autre dimension. Galilée parle d'un chanoine polonais, Copernic, qui a vécu cinquante ans plus tôt et a décrit un monde révolutionnaire où les planètes tournent autour du Soleil, devenu le centre de l'univers ; la Terre n'est plus qu'une planète comme les autres, dont la rotation sur elle-même donne l'alternance du jour et de la nuit. Chaque soir, Galilée exhorte les jeunes attablés autour de lui :

« Réfléchissez différemment ! Pensez à Copernic ! On se trompe souvent parce que l'on regarde dans la mauvaise direction… »

Harvey en est déjà persuadé, lui qui pressent que son propre maître Fabrizi d'Acquapendente, pour lequel il a pourtant le plus grand respect, fait fausse route, l'esprit encore embrumé par son Galien…

« Expérimentez, voyez par vous-mêmes, répète Galilée. Ce n'est pas si difficile. J'ai utilisé la tour de Pise pour calculer l'accélération de la gravité et la coupole de la cathédrale de Florence pour mon pendule ! »

Dans son for intérieur, marqué par le scepticisme de Vésale et de Galilée, Harvey en est sûr : quelques expériences sur le vivant lui permettraient facilement de vérifier que Galien, que tout le monde porte encore aux nues, a fait beaucoup d'erreurs sur le rôle du cœur et les mouvements du sang, dont on sait maintenant qu'il circule, mais dans quel sens ?! Fabrizi vient de faire une sacrée découverte, mais il ne sait pas comment l'interpréter… Il a décelé chez l'homme l'existence de valvules veineuses : les veines du corps humain sont équipées de petites valves sur tout leur trajet (ce qui empêche le sang de refluer et favorise son retour vers le cœur). Or Fabrizi, encore pétri des doctrines de Galien, n'a pas le choix intellectuel de s'y opposer. Il croit donc dur comme fer que les veines véhiculent le sang vers la périphérie, alors que les artères ou l'aorte ne contiendraient que de l'air (*aortê*, « ce qui est suspendu »). À qui peuvent bien alors servir ces valves ? « Je pense, écrit-il, que la nature les a créées pour retarder jusqu'à un certain point le cours du sang, pour l'empêcher de couler à flots ou en totalité, à l'instar d'un fleuve, soit vers les mains, soit vers les pieds… »

Retarder le cours du sang ? On s'en approche mais on n'y est pas encore !

William Harvey est alors frappé d'une illumination : il va tenter une expérience sur ses collègues. Il leur met en place un garrot à la racine du bras, leur fait serrer un bâton. Que se passe-t-il ? Les veines se gonflent de la périphérie vers le centre du corps, comme si le sang se dirigeait bien vers le cœur, et non vers les doigts. Quand on lâche ce garrot, les veines se vident, brutalement. Il faut donc se rendre à l'évidence : les veines transportent le sang dans un sens contraire à celui décrit par Galien et les valvules sont bien orientées pour empêcher tout reflux !

De toutes ces réflexions, William ne dit rien à son patron. Il conserve ainsi avec lui les meilleures relations du monde, d'autant que Fabrizi lui a transmis le goût des vivisections sur les grenouilles, dont le système circulatoire est très résistant. Ce qui va permettre à Harvey de faire une autre grande découverte…

En plaçant des ligatures sur leurs veines caves, Harvey constate que le cœur se vide. Qu'on les enlève et il se gonfle à nouveau. Qu'on place, en revanche, cette ligature sur l'aorte à la sortie du cœur, et il gonfle terriblement au risque de se rompre… Le cœur est donc bien un moteur central, la pompe d'une double circulation passant par les veines (qui acheminent le sang des organes au cœur) et les artères (qui distribuent le sang depuis le cœur à tout le corps) ! Les battements du cœur ? Ils nous permettent d'envoyer le sang dans les artères puis de le faire revenir à son point de départ par les veines. Voilà l'histoire en marche !

Comment ensuite le sang passe-t-il dans les organes et les membres ? Comme Harvey ne peut pas voir les capillaires, il leur donne un nom : « porosités des tissus ». Il s'imagine bien qu'un autre après lui viendra les décrire ! Il en a déjà assez fait !

Voilà donc la théorie de Galien clairement infirmée par les grenouilles, en ce début du XVIIe siècle : le sang n'est pas en fabrication permanente, il n'est pas consommé dans les organes et les tissus de l'organisme, comme le croyait le médecin antique, mais il circule du cœur et des poumons vers la périphérie, puis dans le sens contraire, pour se revivifier dans les poumons.

Autrement dit, la quantité totale de sang est constante, et en mesurant le volume des ventricules et le rythme des contractions, puis en multipliant l'un par l'autre, on obtient tout simplement le débit du cœur ! Harvey fait ainsi rentrer dans la pensée la médecine quantitative, et non plus uniquement descriptive, comme l'anatomie.

Harvey ne s'est pas arrêté aux grenouilles. Pour parachever sa théorie, il a par ailleurs disséqué un très grand nombre de cadavres (des criminels exécutés mais aussi son père, sa sœur ou des amis) et il a lu tout Vésale, ce qui lui a permis de vérifier que la cloison qui sépare les deux cavités du cœur est bien étanche et non perforée. Au bout du compte, en renversant une conception proposée quinze siècles plus tôt, la thèse de Harvey est aussi révolutionnaire que le cours des planètes autour du Soleil dont on parlait le soir à l'Albergo !

En 1628, Harvey publie ses conclusions dans *De motu cordis* ; 72 pages. Rien à en retrancher, rien à ajouter, ou presque. Il se doute bien qu'il va déclencher la foudre. Il n'ignore rien de ce que tous les autres avant lui ont traversé : Michel Servet l'Espagnol brûlé par Calvin à Genève, le Bruxellois Vésale qui a dû aller faire pénitence à Jérusalem pour échapper à la mort promise par l'Inquisition… Quelques années plus tard, le grand Galilée lui-même, condamné par l'Église en 1633, sera contraint d'abjurer ses « erreurs » !

On connaît la suite. La publication de ce livre sur la circulation du sang suscite un énorme scandale. « La circulation est paradoxale, inutile à la médecine, fausse, impossible, inintelligible, absurde et nuisible à la vie de l'homme », dira quand même l'anatomiste Riolan ! Pourquoi une telle violence ? Gui Patin, de la faculté de Paris, répondra par un syllogisme imparable : « La Bible ne mentionnant pas la circulation du sang, il est difficile de l'admettre. Si ce sang circulait, la saignée serait mauvaise : or la saignée est le meilleur remède qui soit. Donc cette idée de la circulation du sang est absurde ! »

L'affaire traverse la Manche, le débat fait tache d'huile et finit par gagner les salons parisiens où se fait l'opinion. La Fontaine, toujours élégant et léger, défend, en vers, le message de Harvey :

Deux portes sont au cœur ; chacune a sa valvule,
Le sang source de vie est par l'une introduit,
L'autre huissière permet qu'il sorte et qu'il circule,
Des veines sans cesser aux artères conduit.

Dans son *Arrêt burlesque*, Boileau renchérit : « La Cour […] Fait défense au sang d'être plus vagabond, errer ni circuler dans le corps, sous peine d'être entièrement livré et abandonné à la faculté de médecine. »

C'est bien envoyé ! Mais cela ne touche que les intellectuels et les précieuses (ridicules ou non) des salons ! Il faut frapper plus fort. Molière sait qu'il doit mettre son talent au service de la cause, il est écouté, populaire, ce qu'il clame sur les planches de son théâtre est entendu partout, des faubourgs jusqu'à la cour. Même si, il faut bien le dire, dans cette histoire de circulation, il n'y comprend pas grand-chose ! Après tout, que le sang puisse circuler sans arrêt grâce au cœur et non au foie, qu'il existe une petite et une grande circulation… pourquoi pas ! Mais il est spontanément acquis à tout ce qui s'oppose aux théories de Galien, qu'il tient pour responsables de bien des stupidités récitées par les médecins de son temps, tels des perroquets. La violence inattendue de la Faculté, l'ire démesurée d'un Gui Patin ou d'un Riolan lui semblent déplorables. Il va donc les ridiculiser sous ces figures respectives des… Diafoirus père et fils ! Son pharmacien, il l'appellera Purgon. Une pièce, *Le Malade imaginaire*, est en train de naître…

Il a prévu de la jouer en février 1672. Le temps de la copier, de la distribuer à la troupe, de l'apprendre, de régler la mise en scène… Il s'est gardé le rôle d'Argan. Épuisant ! Aura-t-il la force de la mener au bout ? Alors que Molière met un terme à sa pièce, le conflit n'est toujours pas éteint, loin de là. Mais le parti des circulateurs s'est renforcé, à tel point qu'il en vient parfois aux mains avec les anti-circulateurs, maîtres de l'Université, ce qui nécessite parfois l'intervention de la maréchaussée !

L'affaire finit par arriver aux oreilles de Louis XIV (qui n'en peut plus des saignées). Que le sang circule ou non, le roi n'en a aucune idée, mais il lui semble bien qu'il doit trancher pour faire taire cette ridicule querelle qui n'a que trop duré. Bien sûr, sa faculté a pris parti contre, mais le Roi-Soleil a appris à se méfier de ceux qui croient toujours avoir raison. Il interroge le chirurgien de la reine, Pierre Dionis du Séjour, qu'il apprécie. Celui-ci a été convaincu par Descartes de l'importance de la découverte de Harvey. Avec passion et finesse, il s'en ouvre à son auguste patient. Si bien que le roi finit par imposer au Parlement d'ouvrir le Jardin du Roi (le futur Muséum d'histoire naturelle), où sera dispensé un enseignement qu'il confiera à Dionis. Les mots de Louis XIV sont sans concession :

« On y enseignera l'anatomie de l'homme suivant la circulation et les dernières découvertes. »

C'est la première fois que le pouvoir politique prend parti en France dans le domaine des sciences de la vie ! Ce n'est qu'un début. Mais un début en fanfare !

10.

Une idée délirante ?

Arrêter le cœur : c'est le propre de toutes les chirurgies cardiaques. C'est leur côté unique, proprement magique, qui nous fait voyager aux confins de la vie. On est bien obligé, le temps de l'opération, de vider le cœur de son sang et d'empêcher l'afflux de sang dans les vaisseaux qui arrivent et partent du cœur, au risque de le priver d'oxygène et donc de provoquer des lésions irréversibles, ce qui n'arrive dans aucune autre chirurgie. Ailleurs, on répare un organe, ou on en enlève une partie, mais on ne l'arrête jamais pour le réparer. La chirurgie cardiaque est la seule qui, à l'aide d'un appareil, remplace, *in situ*, une partie du corps humain. Cet appareil, on l'appelle la machine cœur-poumon artificiel. Tant qu'il n'y a pas eu ce cœur-poumon artificiel qui permet au chirurgien d'arrêter le cœur tout en maintenant la circulation sanguine, en dehors du corps humain, on n'a pas pu opérer à l'intérieur du cœur, donc à « cœur ouvert ».

Que fait-on quand on veut réaliser des travaux dans un endroit d'une ville ? On arrête la circulation et on la dévie, en amont. C'est le même principe ! On installe une déviation sur la carte du sang. L'appareil est constitué d'une pompe qui fonctionne comme le cœur et d'un oxygénateur qui remplace les poumons. Le sang pauvre en oxygène est dérivé depuis les chambres supérieures du cœur, dirigé vers l'oxygénateur qui enrichit le sang en oxygène et une pompe le renvoie ensuite vers le système artériel. Simple comme bonjour !

En soi, l'idée de détourner le sang d'un corps humain est extraordinaire. Au départ, elle a jailli de la rencontre de deux cerveaux, deux géants du xxe siècle. Le premier est un chirurgien et biologiste français, Alexis Carrel, Prix Nobel de médecine 1912 (il a mis au point la technique des sutures vasculaires et des transplantations). Quand il quitte la France pour retourner aux États-Unis après la Première Guerre mondiale, il y rencontre Charles Lindbergh, celui qui vient de triompher de l'Atlantique en réalisant pour la première fois une traversée en avion, sans escale ! Tous les deux ont l'idée de construire… un cœur artificiel ! Alexis Carrel, pour apprendre à conserver des organes vivants pendant très longtemps de manière à les transplanter, et Charles Lindbergh, qui est ingénieur, pour faire de la chirurgie cardiaque. Il a pour cela un motif personnel : sa belle-sœur, qu'il aime beaucoup, présente un rétrécissement de la valve mitrale.

Voyant sa santé se détériorer, Lindbergh se penche sur cette valve, qui a une fonction purement mécanique. Pourquoi ne pourrait-on pas la remplacer comme on remplace un joint ? Bonne idée, sauf que l'on ne peut intervenir dans le cœur, sinon il va s'arrêter ! C'est comme ça que Lindbergh en vient à parler avec Alexis Carrel, en 1930. Le Prix Nobel de médecine et le cascadeur du ciel qui a survolé l'Atlantique. Le duo enflamme l'imagination du public. Les deux hommes n'ont aucun mal à trouver des mécènes et mettent au point un « cœur de verre », une pompe à perfusion capable de maintenir en vie des organes entiers. Le *Time* leur consacre sa une en 1938. Malheureusement, la machine ne fonctionnera jamais ! Mais l'idée est là. Une révolution est en marche.

En attendant, le problème reste entier quant à la circulation sanguine extracorporelle, la seule technique capable de permettre des opérations à cœur ouvert et de faire décoller la chirurgie cardiaque. En fait, la vraie question, là-dedans, ce n'est pas tant la mise au point de la pompe, qui fonctionne comme le cœur, que celle, plus complexe, de l'oxygénateur, la machine qui remplace les poumons en oxygénant le sang. Comment, en effet, faire couler du sang sur une surface et le faire entrer en contact avec l'oxygène ? Si on met en contact le sang avec l'air, il crée des caillots. Posez une goutte de sang sur n'importe quoi qui ne soit pas une paroi vasculaire (fer, plastique...), il coagule au bout de deux ou trois minutes. Aujourd'hui, nous connaissons bien une substance, l'héparine, qui empêche ce processus. Mais à l'époque, on ne savait pas encore l'utiliser. Il fallait donc trouver des solutions !

Le pionnier en la matière sera un Américain, John Gibbon. Marqué par le décès d'une patiente, il parviendra à inventer la machine au bout de vingt-trois ans de travail... Le 6 mai 1953, sa machine (passablement complexe), une sorte de bocal qui récupère le sang et le pousse vers l'oxygénateur, permet, pendant vingt-six minutes, d'arrêter le cœur d'un patient de 18 ans.

Sa machine sera perfectionnée par un chirurgien de génie, John Kirklin, officiant à la Mayo Clinic de Rochester dans le Minnesota. Puis, en 1955, par un autre, Richard DeWall, un jeune interne travaillant dans l'équipe de Walton Lillehei à Minneapolis. Celui-ci imagine un oxygénateur très simple, qui sera amélioré par l'industrie. Mais sa machine qui fait barboter directement l'oxygène dans le sang du malade a pour inconvénient de fabriquer des bulles qui migrent dans sa partie supérieure. Or les bulles d'oxygène, si elles passent dans la circulation, font courir un risque d'embolie gazeuse, en obstruant les artères. On raconte qu'en regardant son épouse faire la vaisselle et utiliser des tampons avec des pailles de fer, Richard DeWall s'est aperçu que celles-ci avaient la propriété de crever les bulles de savon. Processus mécanique : il suffit de mettre quelque chose au contact de la bulle pour la casser. C'est comme ça qu'il a l'idée de placer une bande de paille de fer dans la partie haute de son oxygénateur, pour détruire les bulles. Le sang oxygéné et débullé passe ainsi par un tuyau vers des pompes à galets qui écrasent les tuyaux et, ce faisant, poussent le sang, sous pression, dans le circuit.

Aujourd'hui, le système que nous utilisons a été perfectionné. Les oxygénateurs sont « à membrane », ce qui signifie qu'il existe une membrane entre le gaz et le sang. L'échange s'effectue au travers, un peu comme dans les alvéoles pulmonaires. Il n'y a donc plus de contact direct entre le gaz et le sang, ce qui entraînait des altérations au niveau des cellules du sang, en particulier des globules rouges et blancs, et activait l'inflammation de certaines protéines.

L'invention de la circulation extracorporelle est en tout cas l'étape majeure qui va permettre l'explosion de la chirurgie cardiaque, aux États-Unis et en France avec le professeur Charles Dubost, mon patron d'internat et de clinicat.

11.

Des opérations au chrono

Un contre-la-montre. C'est aussi ça, la chirurgie cardiaque. Il faut sortir le chronomètre, au bloc. Car plus l'opération s'étire, moins le cœur est nourri. Il est arrêté, en ischémie, il n'y a plus de sang dedans, il faudra le revasculariser. En gros, on a une heure, à partir du moment où on clampe l'aorte, pour supprimer l'arrivée de sang au cœur (ce qui produit un infarctus, en quelque sorte). Lequel est refroidi et paralysé, pendant tout ce temps, au moyen d'un liquide de cardioplégie qu'on lui injecte. Ce procédé, c'est moi qui l'ai perfectionné dans les années 1980. Avant, toutes les 5 ou 10 minutes, on enlevait le clamp pour que le sang revienne, que le cœur reparte un peu, puis on reclampait. Clampage, déclampage… Simple comme bonjour mais difficile à réaliser et surtout peu efficace !

Une heure, ça va vite… Que se passe-t-il si on n'a pas fini ? On peut réinjecter du liquide de cardioplégie pour que l'opération dure plus longtemps mais c'est une perte de chance pour le malade car ses cellules auront perdu un peu de leur fonction contractile. Il faudra les assister plus longtemps pour qu'elles repartent. Le cœur commencera à fibriller et il aura du mal à se contracter, à la différence d'un cœur bien protégé qui, déclampé, repart directement, lui, tel un métronome.

Pendant tout le temps de l'opération, le perfusionniste, à côté, joue donc le coucou suisse : « 30 minutes… 45 minutes… 1 heure. »

En une heure, on peut faire deux ou trois pontages, changer une valve. Trop court toutefois quand on a trois valves à changer. De fait, la chirurgie cardiaque est une chirurgie où la dextérité du praticien est primordiale. Plus il est habile et précis dans son geste, sans jamais revenir sur ce qu'il a fait, meilleur est le résultat. C'est vrai pour toutes les chirurgies mais, là, plus encore. Se tromper, c'est du temps vital perdu.

Je me souviens d'une fois où j'opérais un ami, je devais lui faire des pontages coronaires. Pas très compliqué. Sauf que chez lui l'artère était intramusculaire, sur le cœur on ne la voyait pas ! L'opération commence tranquillement. J'incise le muscle, je cherche la coronaire, ne la trouve pas. J'incise encore, je regarde, rien. À côté, toujours rien. À chaque incision, je suture pour éviter le saignement. L'heure tourne. Dans la salle, un silence très lourd s'installe. Enfin, au bout de dix fois, je finis par trouver la coronaire. Quel stress ! L'horloge y est évidemment pour beaucoup.

Alors, avant l'heure, très souvent, on prépare ses opérations, dans sa tête, un peu comme un skieur mentalise le tracé d'une piste noire qu'il va dévaler le lendemain. Chez moi, ça se passait la nuit ! Très souvent, j'en rêvais. Avant une opération, on sait où on va, bien sûr, on a fait le bilan mais il reste toujours des points d'interrogation sur un diagnostic. Les grands chirurgiens sont souvent de grands cérébraux, eh oui !

Des opérations au chrono

Celui qui m'a le plus marqué ? Difficile à dire tant j'ai eu de maîtres à admirer, Charles Dubost et Alain Carpentier les premiers. Mais je dirais l'Américain Stanley Crawford, à Houston, chez qui Charles Dubost, voyant en moi l'avenir de la chirurgie des anévrismes, m'avait envoyé. Cet homme opérait jusqu'à huit malades par jour, jamais un mot plus haut que l'autre, toujours le bon geste au bon moment. Il exerçait avec une régularité totale. L'opération que tout le monde faisait en deux heures lui prenait une heure… J'ai toujours dit qu'un chirurgien n'opère pas avec les mains mais avec la tête. Pour preuve, lui, qui n'était plus tout jeune quand je l'ai vu travailler à Houston, avait la maladie de Dupuytren, qui lui rétractait deux doigts à chaque main ! Je pensais à l'extraordinaire guitariste qu'était Django Reinhardt dont deux doigts étaient paralysés à la main gauche ! À ce niveau, c'était de l'art.

12.

Un maître drapier dans l'histoire

Dans la description de la circulation sanguine, Harvey, notre médecin anglais, a planté, au début du XVIIe siècle, un sacré clou ! Mais il lui manquait tout de même un élément important pour comprendre comment le sang partant du cœur pouvait irriguer tout le corps, jusqu'à nos orteils. Comment se fait la continuité de la circulation ? Harvey a parlé de « porosité des tissus », sans plus d'explications. Qui allait l'expliquer plus scientifiquement ? Il n'a pas fallu attendre bien longtemps après lui.

C'est, de façon totalement imprévisible, un certain Antoni van Leeuwenhoek, maître drapier à Delft dans les Provinces-Unies, qui s'y est collé, en 1674, en fabriquant un appareil pour contrôler le tissage des soies qu'il recevait des Indes… ! Il s'était rendu compte, en jouant avec des petites billes qu'il avait obtenues en faisant fondre des baguettes de verre, qu'elles donnaient, dans certains cas, des lentilles grossissantes. Bien pratiques pour vérifier la qualité de ses fils. En les polissant et en les montant sur une plaque métallique pour rendre leur manipulation plus commode, il est alors parvenu à fabriquer une sorte de loupe, qu'il a utilisée pour analyser de tout petits fragments de tissus. Il a alors eu l'idée d'y associer une aiguille solidaire du support, montée sur un pas de vis pour maintenir la pièce à examiner et la déplacer face à la lentille. Ce faisant, il a créé… un microscope, comme l'avait fait avant lui le lunettier Janssen, un fabricant de lunettes flamand du XVIe siècle, en superposant deux lentilles de verre dans un tube coulissant. Mais lui a réussi à obtenir des grossissements beaucoup plus importants.

Seulement, Antoni van Leeuwenhoek, pas très instruit, s'est senti pris au dépourvu devant les merveilles qu'il voyait passer sous ses loupes. Fort intelligemment, il a donc décidé de soumettre ses observations à d'autres plus compétents que lui. C'est ainsi qu'il a adressé plus de trois cents lettres (en flamand) à la Royal Society of London, dans lesquelles il décrivait des êtres vivants minuscules (animalcules) que les savants nomment des… protozoaires. Le maître drapier avait aussi vu des choses bien plus extraordinaires : de petits globules rouges (du sang) qui passaient en frottant les parois d'infimes capillaires, plus fins que des cheveux, et qui semblaient faire communiquer les artérioles et les petites veines… Exactement ce qu'avait prédit le grand Harvey dans sa théorie de la circulation du sang.

Par la suite, Antoni van Leeuwenhoek a multiplié toutes sortes d'observations, dans tous les domaines, ce qui allait attirer dans sa demeure de Delft tous les grands de ce monde, de la reine Mary d'Angleterre au tsar Pierre le Grand, à qui il montrera la circulation capillaire dans la queue d'une anguille !

Tant de discordes, tant de siècles et d'heures noires, tant d'idées novatrices jetées au bûcher pour en arriver à tout ce que nous savons aujourd'hui et qui nous paraît évident.

Le cœur est bien le siège de la vie, le sang tourne en rond, en cercle fermé, comme la Terre autour du Soleil.

Et il n'y a qu'une seule circulation, la circulation générale, formée de deux boucles reliées par un seul et même extraordinaire organe, le cœur.

Ce cœur, il bat en moyenne 80 fois par minute soit 4 800 fois toutes les heures. Ce qui fait plus de 42 millions de battements par an ! Comment sait-on à quelle fréquence bat notre cœur ? Par le geste le plus banal qui soit, en prenant notre pouls. Ce pouls que l'on peut sentir jusque dans le poignet et parfois au bout de nos doigts. Pourquoi ? Non que nous ayons un cœur dans le poignet ou l'auriculaire ! C'est qu'au bout de nos doigts nous avons des artérioles et l'onde de choc se répercute sur toute leur longueur.

Ce geste de prendre le pouls est devenu une évidence, pour nous. Évidence quand on possède une montre, avec une trotteuse qui marque les secondes… Mais quand cet instrument n'existait pas, comment faisait-on ?

On peut imaginer qu'à l'époque où l'on ne possédait que des sabliers, des clepsydres à eau ou des cadrans solaires pour mesurer le temps, il fallait une certaine patience pour mesurer la fréquence cardiaque ! Quand, vers 994, Gerbert d'Aurillac, moine à Cluny, a inventé les horloges à poids et balancier, un gros progrès a été réalisé pour mesurer le fil du temps. Seulement, sa magnifique mécanique ne sonnait que les heures (!), ce qui ne réglait pas le problème des médecins. Quant au grand Galilée, qui devait s'ennuyer à la messe, il avait remarqué la régularité des oscillations de la lampe pendue au plafond de la cathédrale de Pise, observation qui lui donna l'idée de synchroniser le pouls d'un patient avec les oscillations du pendule, en faisant varier la longueur du fil, pour en mesurer la longueur obtenue. Génial, mais complexe… Si bien que ce ne fut qu'en 1670 qu'un autre géant de la physique, Christian Huygens, inventa le balancier à ressort spiral, précurseur de nos montres mécaniques modernes… Rien à voir, cela va sans dire, avec nos montres connectées qui calculent d'emblée notre fréquence cardiaque et y ajoutent même le tracé de l'électrocardiogramme et la saturation en oxygène du sang.

Pour autant, notre fréquence cardiaque n'est pas réglée comme un coucou suisse ! Elle est loin d'être constante. Notre cœur peut s'emballer et battre plus vite (à plus de 90 battements par minute) – on est alors tachycarde (en médecine, depuis Hippocrate, le grec ancien reste la langue de référence). Il peut aussi ralentir et battre lentement (à moins de 60 battements par minute) – on est alors bradycarde.

Il bat, en tout cas, depuis que nous avons… 27 jours, dans le ventre de notre mère. Et il bat vite, puisque quelques semaines plus tard il atteint presque 200 battements par minute, pour ralentir un peu à la naissance.

La fréquence varie bien sûr selon les individus, l'effort, les émotions. Elle varie même quand on respire ! Le cœur s'accélère à l'inspiration et ralentit à l'expiration. Et puis elle varie aussi selon la nuit et le jour. Quand on dort (on n'a par conséquent aucune activité), notre rythme cardiaque baisse et peut même parfois descendre jusqu'à 30 battements par minute, sans que cela soit anormal. Inversement, si on se met à courir comme un dératé, notre rythme cardiaque va augmenter. En fait, notre cœur s'adapte à toutes les situations de la vie. Il s'emballe quand on se bouge les fesses mais aussi quand on a peur, quand on est amoureux…

Cela parce que le cœur n'est pas une simple pompe mécanique mais une machine bardée de capteurs qui reçoivent en permanence des messages de deux types : il y a les messages qui viennent du système nerveux dit autonome, des nerfs qui « gèrent » votre organisme sans réfléchir (à savoir le système sympathique qui a pour effet d'accélérer le cœur et le système parasympathique de le ralentir) ; et il y a ceux qui viennent d'hormones, notamment celles sécrétées par la glande surrénale comme l'adrénaline, l'hormone du stress et de l'effort : elle accélère le cœur, renforce ses contractions et augmente la pression artérielle.

Grâce à tous ces messagers, le cœur est à l'écoute de toutes les perceptions de notre ordinateur central, c'est-à-dire notre cerveau, de façon consciente ou inconsciente. Ce qui se traduit d'ailleurs dans notre langage de tous les jours… Nous savons bien que la présence d'une seule personne peut nous faire « battre le cœur », que son départ nous laisse « le cœur gros », nous savons aussi qu'il faut parfois « faire contre mauvaise fortune, bon cœur »… Bref, notre cœur hormono-neuronal est omniprésent dans notre vie et il ne s'agit pas seulement d'une impression, puisque tout cela s'accompagne de modifications réelles de la fonction cardiaque.

Un cas particulier, néanmoins : les sportifs de haut niveau, tels les cyclistes ou les marathoniens. Ces gens-là ne sont pas faits comme nous !

Il n'est pas rare de noter, chez eux, au repos, une fréquence cardiaque bien plus basse que la moyenne, entre 50 et 60 battements par minute voire moins de 40. Pourquoi ? Avec la pratique régulière du sport, le muscle cardiaque se développe (le cœur grossit) et chacune de ses contractions mobilise alors un volume sanguin supérieur à celui qui va être rivé à son ordinateur ou en pantoufles sur son sofa. Ainsi, à l'effort, le cœur du sportif va pomper beaucoup plus de sang : jusqu'à 36 litres par minute, contre 22 litres pour une personne peu entraînée. Ce débit élevé lui permet évidemment un travail musculaire plus intense. Pour une fréquence cardiaque semblable, notre cycliste a donc des performances bien supérieures à celles de tout un chacun. Et quand il est sur son sofa, il n'a pas besoin d'éjecter beaucoup de sang. Son cœur ralentit donc, naturellement.

Certains, dès le départ, ont d'ailleurs des cœurs plus lents que d'autres et peuvent donc plus facilement devenir de grands sportifs. Ils sont prédisposés. À l'inverse, celui dont le cœur bat à 90 sera moins apte car au moindre effort son cœur s'accélère. On sait qu'à partir de 120 on commence à être essoufflé. Le cœur atteint rapidement un plafond, une fréquence telle qu'il n'est pas efficace. Un cœur qui bat trop vite n'a plus le temps de se remplir donc d'éjecter et s'enraie, il tourne à vide.

Les sportifs témoignent

Philippidès, premier coureur de Marathon

490 avant J.-C. Darius le Mède demande aux cités grecques de reconnaître sa souveraineté. Face à leur refus, il envoie son armée. Les troupes perses débarquent sur la plage de Marathon, à une quarantaine de kilomètres d'Athènes. Mal leur en prend. Les Athéniens écrasent l'infanterie perse qui prend la fuite. Philippidès, un jeune

Grec qui passe par là, est envoyé à Athènes pour annoncer la victoire. Sitôt arrivé, il s'écroule, non sans avoir crié : « Nous avons vaincu ! » Il est donc le premier marathonien mais aussi la première victime connue de mort subite après un effort. L'histoire ne dit pas à combien battait son cœur.

Arthur Guérin-Boëri,
quintuple champion du monde d'apnée

Quand il est au fond de l'eau, l'homme-poisson peut descendre en dessous des 3 pulsations par minute. « Ce n'est vraiment pas moi qui décide de ralentir mon cœur ; il y a un réflexe apnéique très ancré en nous, archaïque, qui se déclenche quand on est sous l'eau. Le sang quitte les bras et les jambes et se dirige vers les organes nobles : cœur, cerveau, poumon. C'est ce qu'on appelle les fameux réflexes d'immersion. »

Bernard Hinault,
quintuple vainqueur du Tour de France

« J'ai eu la chance d'être physiquement malformé ! J'ai des fémurs plus longs que la normale, ce qui constitue un bras de levier très avantageux pour pédaler, et mon cœur descend jusqu'à 34 pulsations par minute. Ce chiffre indique des aptitudes de base : il est suffisamment bas pour faire paniquer les infirmières mais il indique surtout que mon cœur se fatigue moins à l'effort, ce qui me donne une marge de manœuvre importante… »

13.

Un bruit si doux…

Boum-tac, boum-tac…

Notre cœur fait du bruit. Un bruit si doux et reconnaissable… Ou plutôt il n'en fait aucun. Ce que nous entendons, en réalité, quand nous prêtons l'oreille, ce n'est pas le bruit du muscle mais du sang. Le sang qui file à travers les valves.

Boum, la valve mitrale se ferme, quand le sang est éjecté vers l'aorte.

Tac, la valve aortique se ferme.

Rouftata, il y a une anomalie, un rétrécissement. Le sang passe en force et s'écoule de façon bruyante. Comme quand l'eau s'écoule à travers un barrage, une zone plus étroite.

Simple, jusque-là. Mais les choses peuvent se compliquer si les bruits se dédoublent (le cœur droit ne se contracte pas exactement en même temps que le cœur gauche et on distingue alors le bruit des valves), s'il existe des bruits surajoutés tels des souffles, s'il y a une fuite (le bruit est alors doux et aspiratif). Les souffles les plus fréquents sont liés aux anomalies des valves du cœur ou à des communications anormales entre les oreillettes ou les ventricules. Il faut alors une bonne oreille pour s'y retrouver !

Heureusement, René Laennec a inventé, au XIXe siècle, le stéthoscope, un instrument acoustique devenu synonyme de médecin ! Un jour de 1816, Laennec est amené à examiner une jeune fille malade du cœur et plutôt enveloppée. La faire déshabiller pour poser son oreille sur sa poitrine nue ? Pas question ! Comment établir alors un diagnostic ? Lui revient en mémoire un phénomène acoustique connu : si l'on applique son oreille à l'extrémité d'une poutre, on peut distinctement entendre un coup d'épingle donné à l'autre bout. Laennec avise alors une bonne sœur qui suit sa visite, lui prend les feuilles de son carnet, en forme un rouleau, et voilà comment il réussit à entendre les battements du cœur de la patiente et baptise l'instrument de deux mots grecs : *stethos*, « poitrine », et *skopein*, « examiner ». Il faudra cependant attendre 1852 pour que l'Américain George Cammann s'aperçoive que les médecins ont deux oreilles et invente le stéthoscope à deux embouts tel que nous le connaissons aujourd'hui.

Mais il reste toujours un mystère : d'où proviennent les battements de notre cœur ?

Par quel extraordinaire mystère se produisent-ils ?

Le cœur est en fait un pace-maker naturel, doté d'une pile interne qui commande ses propres contractions. Il est capable de générer lui-même un courant qui le traverse, se déplace et « l'électrise » pour produire ce *boum-tac* si caractéristique...

Ce courant naît dans un endroit très précis, invisible à l'œil nu, qui est en quelque sorte l'origine de la vie et se situe très exactement en haut de l'oreillette droite. On l'appelle le nœud sinusal (aussi dit « de Keith et Flack », d'après ses découvreurs britanniques en 1907). Pourquoi s'est-il logé là et pas ailleurs ? On ne sait pas très bien ! Mystère du commencement, du big bang originel ! En tout cas, c'est ici, au 27e jour de la vie intra-utérine, que les cellules commencent à se contracter.

Partant de ces cellules, ce courant se propage en tache d'huile dans les deux oreillettes, provoquant leur contraction. De là, il poursuit son chemin, progresse simultanément dans les deux ventricules, le droit et le gauche, empruntant des sortes d'autoroutes, très rapides (le faisceau de His et le réseau de Purkinje), jusqu'à la pointe du cœur, ce qui provoque alors la contraction des muscles cardiaques des ventricules.

Comment ces faisceaux fonctionnent-ils pour conduire un courant électrique à travers le corps humain ? N'allez pas imaginer une gaine électrique là-dedans. Ces faisceaux sont en réalité des faisceaux de cellules spécialisées dans la conduction électrique et tout cela, comme toujours, est une affaire de chimie pure.

Pour comprendre, revenons-en à la première pierre de l'édifice, les cellules. Comme toutes les cellules du corps, la cellule cardiaque est enveloppée d'une membrane, poreuse, qui sépare l'intérieur (le cytoplasme) du milieu extérieur. Un film à la fois protecteur et perméable, de la plus haute importance ! Au travers de cette membrane, passent en permanence des substances, dans un va-et-vient entre l'intérieur et l'extérieur, grâce à des protéines qui font un peu office de sherpas et qu'on appelle des pompes. Un vrai trafic. Nous sommes là face à une extraordinaire plateforme logistique qui est le siège même de la vie. La vie des cellules est bel et bien liée au fait qu'elles ont une composition différente à l'intérieur et à l'extérieur. S'il n'y avait aucune différence, il n'y aurait pas de vie.

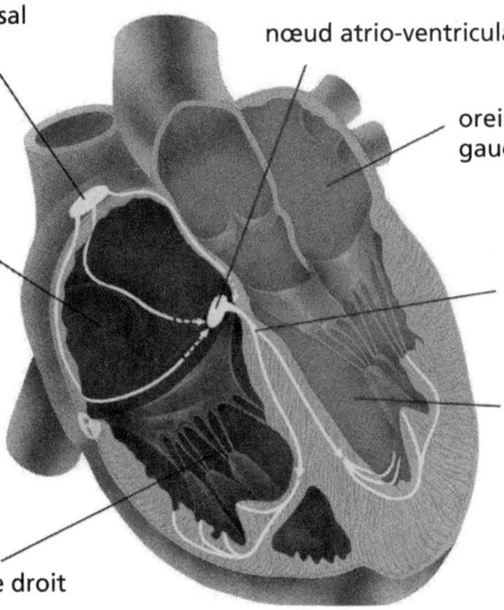

Le tissu de conduction du cœur
La stimulation spontanée du cœur naît du nœud sinusal situé près de la veine cave supérieure dans l'oreillette droite. Puis il se transmet de façon diffuse dans l'oreillette pour se concentrer dans un autre amas de cellules, celles du nœud atrio-ventriculaire. Puis la conduction emprunte le faisceau de His dans la paroi du septum cardiaque, avant de se diviser en deux branches aboutissant aux ventricules correspondants.

Ces substances qui naviguent constamment de part et d'autre de la membrane cellulaire sont des ions[1] de sodium, de potassium, de calcium… Au départ, naturellement, la cellule est très riche en ions potassium K^+, beaucoup moins en ions sodium Na^+ et calcium Ca^{2+}, comparativement au milieu extracellulaire. Ce simple fait crée à l'intérieur même de la cellule un potentiel électrique. On dit qu'elle

1. Un ion est un atome portant une charge électrique, et ayant gagné ou perdu un ou plusieurs électrons.

est électronégative. Toutes les cellules de l'organisme sont ainsi, au repos, à – 0,70 électrons-volts.

Le travail des pompes[1] va permettre d'engendrer entre l'intérieur et l'extérieur de la cellule d'importantes différences de concentrations ioniques, ce qui va induire une différence de potentiel électrique. Le courant arrivant au contact de la cellule du myocarde aura pour effet de la dépolariser, c'est-à-dire qu'il va en chasser brutalement le potassium tandis que le calcium et le sodium pénètrent dans la cellule, qui devient alors électropositive. Ces flux ioniques sont en fait comme des ondes sismiques qui engendrent des vagues à la chaîne. Les pompes travaillant sans cesse, les ions qui se trouvaient à l'extérieur reviennent dans la cellule et inversement, tout ce petit monde se croise, se recroise, et c'est ainsi que naissent les contractions, tout s'enchaînant à une vitesse ultra-rapide. Toutes les secondes, dans toutes les cellules, se produit ce phénomène.

Et ce sont ces phénomènes électriques que l'on enregistre sur un électrocardiogramme (ECG). Sur la courbe, c'est en fait le flux des ions que l'on voit défiler. La polarisation de la cellule, c'est quand le sodium sort et que le potassium rentre. La dépolarisation (contraction), c'est l'inverse.

Comment, ensuite, naît la contraction musculaire du cœur ? Du voyage microscopique des ions au *boum-tac*, il y a en effet un monde !

---

1. Les pompes sont des protéines membranaires qui peuvent faire entrer et sortir des ions à contre-courant. L'énergie nécessaire à leur fonction est directement fournie par le métabolisme cellulaire.

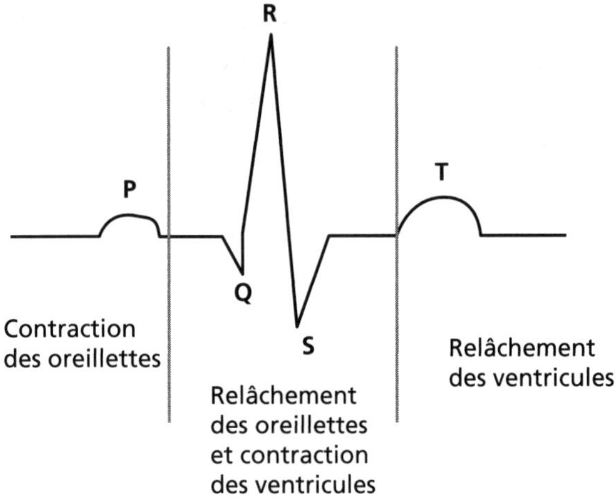

Tracé d'un électrocardiogramme normal
Chaque événement correspond à un phénomène électrique de la contraction cardiaque.

En clair, le courant électrique qui passe et dépolarise les cellules est le starter qui se traduit en énergie mécanique.

Évidemment, cette contraction cardiaque consomme de l'énergie, beaucoup d'énergie ! Essayez de contracter votre biceps pendant plus de dix minutes en soulevant un haltère, vous finirez par le faire tomber, de fatigue ! Alors pourquoi le cœur ne se fatigue-t-il pas, comme tous les autres muscles ? Comment peut-il se contracter en permanence ?

Parce que ses cellules sont truffées de mitochondries, sortes de centrales nucléaires, énergétiques, présentes dans toutes les cellules du corps. Quand les muscles ordinaires travaillent longtemps et fort, au bout d'un moment celles-ci ne suffisent plus à fournir assez d'énergie.

Conséquence : les muscles se fatiguent. Dans le cœur, les mitochondries sont assez nombreuses pour produire une énergie suffisante sous forme chimique en permanence. Heureusement !

14.

Pauvre berger allemand !

On me demande parfois quel a été mon tout premier patient. Un chien ! C'était il y a longtemps, à une époque révolutionnaire, 1968…

Nuits de barricade, universités en rade, grand bazar général. Étudiant en première année de médecine, je cherche désespérément un stage. Mais dans les hôpitaux aussi, c'est la débandade. Un jour, Alain Deloche, mon conférencier d'externat qui est aussi interne en chirurgie cardiaque, me dit : « Si tu veux, viens dans mon service. On cherche des gens pour nous aider, les externes sont tous partis. »

Me voilà donc parachuté, en ce mois d'avril, à l'hôpital Broussais, au sud de Paris. Je suis attendu pour faire le gratte-papier, je ne sais rien de ce qui se passe dans ce service à part qu'on y opère des cœurs. Je ne vais pas tarder à comprendre qu'entre ces murs se jouent de véritables prouesses. Sans le savoir, j'ai en fait atterri dans le saint des saints, dont le patron n'est autre que Charles Dubost, l'un des rares médecins dont le nom symbolisera à lui seul une spécialité médicale.

Génie chirurgical à l'allure de condottiere du XVIe siècle et à l'humour aussi coupant que sa lame, Dubost a commencé à faire ses premières opérations du cœur en 1947. En 1951, il a réalisé son génial coup de maître en osant opérer pour la première fois au monde un anévrisme de l'aorte abdominale, succès qui lui a ouvert les portes des plus grands services américains. C'est là qu'il a fait la connaissance de John Kirklin, de Michael DeBakey, de Walton Lillehei et surtout de Richard DeWall, qu'il emmènera sous son bras à Paris, lui et son oxygénateur révolutionnaire, pour faire, en 1955, la première opération à cœur ouvert en Europe (les Américains l'avaient précédé de peu, en 1953).

Huit heures, ce matin-là. Je suis devant l'un des ascenseurs du pavillon Leriche, qui fonctionnent un jour sur deux. Je dois retrouver « mes » malades au cinquième étage. Je ne les revois pas toujours. À l'époque, tous les malades opérés ne reviennent pas du bloc... Des pas pressés dans le couloir, derrière moi. Déboule un petit homme très blond, aux yeux très bleus. Alain Carpentier, l'assistant de Dubost, un jeune chef de clinique au caractère de fer et de feu. Dans le service, tout le monde en parle. Un dynamisme d'inventeur, de chercheur, il saute tout le temps d'une idée à l'autre. Tout ce qui se publie, à l'époque, sur la chirurgie cardiaque, il le dévore. Le milieu, en pleine effervescence, ne bruisse que de la transplantation qui ne va pas tarder à advenir – elle va d'ailleurs se produire le mois suivant mon arrivée à Broussais, pour une des premières fois en France, mais on n'en est pas là.

Le voilà qui me dévisage. Je suis dans mes petits souliers.

« Bonjour, monsieur...

– Salut, fils ! (Il appelle tout le monde « fils » !) Alors la révolution, comment ça va ? »

Je bafouille. Heureusement, l'ascenseur arrive. Il appuie sur le bouton du quatrième, l'étage de son laboratoire où il vient de mettre au point de nouvelles valves à partir de celles du porc, qu'il a traitées pour les implanter chez l'homme. Il a inventé ce qu'on appellera la « bioprothèse » et en fait l'expérience sur les chiens. Ce qui fait dire à pas mal de ses confrères : « Carpentier, il passe plus de temps dans son labo qu'au bloc ! Il opère des chiens ! » Ce qui est vrai ! La compétition entre chirurgiens, à l'époque comme aujourd'hui, est assez féroce…

Quatrième étage. La porte s'ouvre. Il se retourne vers moi : « Écoute, fils, j'ai besoin de quelqu'un pour m'aider à opérer un chien ce soir. Je t'attends à cinq heures ! » Pas le temps de répondre qu'il est déjà parti. Ce type est dingue ! La France est en grève générale, il n'y a plus d'essence, le président va bientôt disparaître à Baden-Baden et lui pense à opérer un chien ! J'ai 20 ans et toute la journée pour penser. Je ne sais rien faire de mes dix doigts ! Du corps humain, je connais l'anatomie, je situe les ventricules, les oreillettes… mais dans les livres !

Dix-sept heures. Le laboratoire occupe tout un étage du service construit dix ans auparavant. Un espace entier y est dédié à la recherche et à l'expérimentation animale, avec un bloc opératoire et un chenil. J'entre. Désert complet. Un seul homme est là, Hamid, celui qui s'occupe des animaux. Large sourire : « Ah, c'est toi que Carpentier a réussi à coincer aujourd'hui ? Allez, habille-toi ! » Première fois que j'enfile le « bleu ». La grande blouse qu'on appelle la casaque, la calotte, les chaussures… Je suis aussi à l'aise là-dedans que dans un sac de pommes de terre. Débarque un interne du service, Arrigo Lessana, un jeune chirurgien très doué qui prend rapidement la direction des opérations. « Allez, viens, on va endormir le chien ! »

Pourquoi je m'imaginais un petit gabarit, genre caniche ? Dans la cage, un berger allemand au pelage fauve me dévisage. Il finit sur la table d'opération, tondu, la gueule ouverte, un tube dans la gorge, branché à l'appareil de ventilation.

« Les mains en l'air ! » m'intime Arrigo. Je saisis qu'on ne peut rien toucher, au bloc, excepté la partie stérile, c'est pour ça qu'on voit toujours les chirurgiens les mains vers le ciel, en train de faire la prière ! Revêtir le bleu, c'est franchir une barrière. On entre dans un autre monde où tout devient menace pour le corps du patient. Le moindre faux pas, une bactérie dans le corps et c'est l'infection.

Allongé sur le flanc, l'animal disparaît sous les champs opératoires, des draps collés à sa peau pour séparer la zone stérile de tout le reste. Voilà notre champ d'action délimité. Nous allons pouvoir changer la valve mitrale de ce pauvre chien. La sienne n'a aucun problème mais nous ferons comme si, pour la science. Car si cette valve dysfonctionne, à moyenne échéance, chez le chien comme chez l'homme, c'est la mort. Pourquoi ? C'est là que les cours de Nonos me reviennent !

Les valves sont des portes qui séparent les cavités du cœur. Comme des vannes, elles s'ouvrent pour laisser le sang circuler et se referment pour empêcher qu'il ne reflue. Ce sont un peu les gendarmes de la circulation sanguine. Et elles doivent bien s'ouvrir et se fermer, car si le sang n'est pas correctement pulsé vers la périphérie et revient vers les poumons, l'œdème pulmonaire guette et on meurt d'asphyxie. De toutes les valves, la mitrale, qui sépare l'oreillette gauche du ventricule gauche, est celle qui reçoit le plus de pression puisque c'est le ventricule gauche qui envoie le sang réoxygéné à travers tout le corps et exerce donc une pression majeure quand il se contracte. C'est grâce à lui que le fin fond de vos orteils est irrigué ! Or cette valve mitrale peut être très abîmée chez l'homme, et encore plus souvent chez la femme. Raison pour laquelle Carpentier s'y intéresse de si près.

Le voici qui arrive enfin, en retard, c'est un homme très occupé ! Arrigo, bistouri en main, a déjà commencé à inciser le thorax. Ébahi, je regarde la lame se frayer un chemin entre deux côtes et positionner l'écarteur. Le péricarde se dévoile. Quelque chose bouge, dessous... Doucement. Régulièrement. Je retiens ma respiration. Imperturbable, Arrigo fait un petit trou dedans au bistouri électrique, sort le ciseau. Le péricarde doit faire 1 millimètre d'épaisseur, pas plus, il n'a pas intérêt à dévier... *Tchac* ! Ouvert ! Quelle facilité dans ses gestes... Il a fait ça en me parlant comme s'il découpait une feuille ! Et là, je contemple pour la première fois... un cœur vivant.

À présent, Carpentier et Arrigo mettent en place des tuyaux à l'intérieur des gros vaisseaux qui arrivent au cœur et s'en échappent pour le court-circuiter, les reliant à la machine de la circulation extracorporelle.

« Clampage ! » Les mains de Carpentier s'emparent du clamp, cette longue pince très souple, pour la placer sur l'aorte à la sortie du cœur, de manière à stopper l'alimentation. Ça y est, le sang n'arrive plus par les coronaires. Les artères du corps sont maintenant vascularisées grâce aux tuyaux de la machine, qui étaient remplis d'eau. Sous mes yeux, elle se colore en rouge. Dans la salle, personne ne parle.

Le cœur est maintenant vide, mais il ne se contracte

plus, il fibrille. On a tout de même laissé un peu de sang passer dans les coronaires, pour ne pas risquer l'infarctus. Quinze ans plus tard, je mettrai au point une technique pour empêcher totalement le cœur de fibriller pendant l'opération, afin de ne pas consommer d'énergie.

À côté, sur une machine, la ligne de l'électrocardiogramme, qui mesure les contractions du cœur, poursuit sa vie autonome, montrant les tressautements du cœur qui fibrille ; celle de la pression sanguine est plate, produite uniquement par le travail de la pompe artificielle.

L'œil aigu, Carpentier se penche sur le cœur du chien, l'ouvre au bistouri en passant par l'oreillette. Je l'observe, pétrifié d'admiration, comme s'il s'enfonçait dans une terre inconnue. Le tissu des valves apparaît. Cette fois, Carpentier n'a pas sorti de ses placards une valve de cochon mais une nouvelle valve en plastique avec une bille, qui monte et qui descend. Quand la bille descend, le sang ne peut pas revenir en arrière.

Les instruments se succèdent dans ses mains. Les ciseaux, aussi longs que le bec d'un ibis, ont remplacé le bistouri pour aller couper la valve, tout au fond. Pourrais-je faire la même chose que lui, un jour ? Tout me semble hallucinant. « Tiens ! Tire ! » Je sursaute. Il me tend un fil, le sourcil froncé.

Tremblant, je tire…

« Tu tires pas assez ! »

Ce jour-là, j'ai dû me faire engueuler une cinquantaine de fois. « T'es à contre-geste ! » « Va plus vite ! » Comme je ne comprenais pas grand-chose, j'alignais bêtise sur bêtise, j'aspirais mal le sang qui s'accumulait dans le cœur, je tenais de travers l'écarteur pour bien ouvrir l'oreillette et lui élargir le champ de vision… Hamid me faisait des clins d'œil, d'un air de me dire : « Courage, tiens bon ! » Il n'était évidemment pas question de répondre à Alain Carpentier !

Deux heures du matin. Le cœur refermé et redémarré par un choc électrique, le chien peut enfin regagner sa cage. Pas fatigué, Carpentier me dit :

« On repasse demain matin le voir.

– Monsieur, demain matin… On y est déjà !

– Tu as une voiture ?

– Euh non… Mais on ne peut pas circuler, il n'y a plus d'essence nulle part…

– Ça ne fait rien, on va prendre le métro.

– Il est trois heures du matin… Et le métro est en grève depuis un mois…

– Pas grave, on va se trouver des piaules pour dormir à l'hôpital ! »

Dans la matinée, nous sommes allés voir le chien. Il n'était pas en forme mais il était vivant. Carpentier l'a ausculté, il a écouté « sa » valve, très content. *Bing boung bing boung* ! La bille montait et descendait, l'opération avait réussi. Le chien n'avait pas fait de caillots, le sang n'avait pas coagulé, sinon on n'aurait rien entendu car la bille aurait été coincée.

Ce *bing boung* était le bruit même de la vie.

C'est bien cette nuit-là qui a ancré un désir tout au fond de moi. Interne en chirurgie cardiaque : c'était désormais mon espoir le plus fou. Désormais, je pourrais aller voir de vraies opérations chez l'homme. Grâce à Alain Deloche et à Arrigo Lessana, je pourrais suivre Carpentier et Dubost dans tous leurs faits et gestes, tel Howard Carter s'avançant dans le couloir de Toutankhamon. Le mois suivant, j'aurais même l'incroyable chance d'assister à une transplantation cardiaque effectuée par Dubost sur un homme qui deviendrait le premier patient français à survivre à cette opération. La grande épopée du cœur allait vivre ses heures les plus inoubliables.

15.

Il l'a fait revenir du paradis

Au fil des jours, de l'ombre où je suis, je le croise et je l'observe, cet homme, secret, impénétrable. Dubost cache ses pensées profondes, s'exprime à la façon d'un comédien, avec des répliques que chacun peut interpréter dans un sens ou dans l'autre. Même au bloc, il a une prestance folle ! La tête en l'air, avec ses lunettes d'hypermétrope, il opère de loin, le torse complètement en arrière, quand tous les autres se plient en deux sur la table !

Nous sommes le 12 mai 1968. La France est toujours en pleine cavalcade, la CGT lance un appel à la grève générale pour demain. Et lui, va greffer un cœur. Cette transplantation, ce sera une première pour le patient, mais aussi pour lui… Car Charles Dubost, pour être un génie chirurgical, n'en a encore évidemment jamais fait, ni chez l'homme ni chez l'animal. Certains, comme le professeur Cachera avec lequel il va tenter l'opération, se sont entraînés des dizaines de fois sur les animaux, lui non ! Un jour, Dubost a bien demandé à Cachera et à Carpentier un « sujet anatomique » (un cadavre) pour essayer. Arrivé à la morgue, il leur a dit : « Montrez-moi comment vous faites. » Puis, après quelques minutes d'observation : « Écoutez, ça sent trop mauvais, je m'en vais ! » Il avait compris tous les problèmes de l'opération ! Cette anecdote, il me l'a racontée bien des années plus tard, quand nous sommes devenus plus proches, puisque je deviendrai son assistant pendant dix ans.

Le « cobaye », c'est le père Boulogne, un dominicain de 57 ans qui a attrapé une maladie en Afrique où il a travaillé comme missionnaire. Il est en grande insuffisance cardiaque, en proie à des douleurs d'angine de poitrine, condamné à l'immobilité depuis deux ans. Alors il s'est déclaré volontaire pour la transplantation. À l'époque, c'est la troisième greffe du cœur réalisée en France. Avant lui, deux Français ont été opérés à Paris et à Montpellier et ils sont morts très rapidement.

1968, année-phare, donc, où tout s'emballe. Jusque-là, les transplantations cardiaques ne pouvaient se faire, non à cause des barricades mais pour une raison d'ordre légal. Pour permettre les premières greffes d'organes, il fallait en effet définir ce qu'était la mort. Jusqu'en 1968, en France comme aux États-Unis, on considérait qu'elle survenait au moment de l'arrêt du cœur. Or si la mort correspond à l'arrêt du cœur, on ne peut prendre un cœur mort pour le transplanter, logique. Il fallait donc que la mort soit cérébrale et non cardiaque, pour qu'on puisse prendre des cœurs qui continuaient à battre et les greffer.

Le 24 avril 1968, un texte du ministère des Affaires sociales, la circulaire Jeanneney, a ainsi ouvert la voie aux prélèvements d'organes, en posant qu'une personne est considérée comme morte lorsque son cerveau est mort. La transplantation se fait donc toujours sur des gens en état de mort cérébrale. À partir de là, les chirurgiens du monde entier se sont jetés sur la transplantation cardiaque. Et la compétition a été féroce…

Celui qui n'a pas tenu compte du cadre légal, et le premier à s'être jeté dans le bain, à la fin de l'année 1967, c'est Chris Barnard, en Afrique du Sud, où la loi était un peu moins répressive qu'en France ou aux États-Unis. Les journaux du monde entier en ont fait leur une. Le 2 décembre 1967, Denise Darvall, une jeune femme, est victime d'un accident de la circulation. Quand les secours arrivent, le trauma crânien est irréparable. Mais son cœur bat toujours, tandis qu'à l'hôpital du Cap un homme de 53 ans, Louis Washkansky, en insuffisance cardiaque terminale, n'a plus que quelques semaines à vivre. La transplantation démarre dans la nuit, le cœur est extrait du corps de Denise Darvall et transféré dans le bloc d'à côté où s'affairent une dizaine de personnes autour du professeur Barnard. La dernière suture réalisée, le temps suspend son vol : « Le cœur reposait, paralysé, sans aucun signe de vie, a raconté Barnard. On a attendu, ça m'a semblé des heures, jusqu'à ce qu'il commence lentement à se détendre. Et soudain, il y a eu une contraction de l'orifice de l'oreillette, suivie rapidement par les ventricules […]. Petit à petit, il a recommencé à battre au rythme enchanteur de la vie. »

Le rythme de la vie… Ce pouls qui de 0, ce jour-là, est passé à 50, puis 70, 75, 100… Ce pouls qui est au fondement de tout et nous rassure tant…

De ce 12 mai 1968, à Broussais, je me souviens moi aussi avant tout d'une image, qui s'est imprimée à jamais dans ma rétine.

Un trou béant dans la poitrine du père Boulogne, vidée de son cœur. Plus rien au fond de cette enveloppe humaine. Plus rien pour assurer la pulsation. Le symbole de la mort, en quelque sorte. Combien de temps peut-on rester en vie sans cet organe vital ?

J'ai 20 ans. Au-dessus du bloc où se démènent Dubost et son équipe, je ne décolle pas de la viscopie, ce plafond vitré qui nous permet d'assister à l'opération, de loin. Combien sommes-nous à nous serrer, là-haut, vingt, trente ? Il y a là tous les autres du service, Francine Leca, Alain Deloche, Édouard Kieffer, Alain Calmat… Tout le gotha. Avec moi, le petit externe, qui y voit à peine, au deuxième rang.

Encore aujourd'hui, les visions jaillissent à toute vitesse dans ma mémoire, inchangées, enivrantes.

Dubost qui empoigne le cœur du père Boulogne pour l'extraire et le placer dans la cupule. Énorme ! Il devait bien faire deux ou trois kilos !

Ce trou dans la poitrine qui reste vide bien deux minutes.

Le petit cœur brillant qui vient d'être prélevé par Carpentier et son équipe, qu'on y met.

Dubost qui recoud vite et bien.

La nuée de blouses, Dubost à gauche, Cachera à droite, tous masqués, gantés, couverts des pieds à la tête – on avait tant peur à l'époque des infections, sachant que le traitement antirejet allait supprimer toutes les défenses…

Je crois que je n'ai pas vraiment compris ce qui s'est passé pendant ces longues heures. J'ai juste vu que cet homme était mort et que ces chirurgiens allaient le faire revenir de sa chambre au paradis.

Plus tard, Dubost me relatera un jour sa première entrevue avec le père Boulogne : « Monsieur le professeur, je n'ai pas de famille, pas d'enfants. Si je meurs, personne n'ira crier sur les toits. Je suis en quelque sorte le candidat idéal pour votre affaire ! Vous n'aurez aucun compte à rendre… » Cela dit : « Je suis un homme de Dieu, vous n'y croyez pas, je le sais, mais vous ne risquez rien à le mettre de votre côté ! » Dubost avait été très marqué par sa personnalité, et d'emblée il avait su qu'il mettrait tout en œuvre pour le sortir de là.

C'était l'homme qui s'aventurait en terre vierge. Le corps humain. Comme l'espace, à l'époque, pour les Soviétiques et les Américains. Dubost a bel et bien fait revenir cet homme de l'au-delà. Et j'ai eu la chance d'avoir un tel maître.

16.

Un trou dans le cœur…

Des parents désemparés face à des petits Schtroumpfs. Des bébés à la peau bleutée. Elliot, Clara, Sophie… ne sont pas nés tout roses mais bleus. À quelques jours de vie, ils doivent déjà affronter le bloc, le bistouri, le cœur ouvert. On les appelle les « enfants bleus ». Que s'est-il passé ? La formation du cœur, dès le quinzième jour de la vie intra-utérine, est tellement complexe qu'il arrive, de manière presque inévitable, que se produisent des bugs, des erreurs. Elles sont même relativement fréquentes (1 % des naissances vivantes). Le cœur de l'enfant est alors malformé et sa vie est en jeu. La malformation congénitale est une grande partie de la cardiologie dans le monde, c'est d'ailleurs celle qui marque souvent les esprits. En France, certains services, comme celui des « Enfants malades », ne s'occupent d'ailleurs que des cardiopathies congénitales, ces anomalies survenues au cours de la formation du cœur pendant la vie intra-utérine. Le jour, la nuit, on y reçoit des enfants avec un trou dans le cœur, des enfants dont le sang renvoyé vers le corps contient si peu d'oxygène qu'il provoque cette décoloration bleue de la peau, des gencives, des lèvres… Ce sont des opérations de haute voltige, souvent réalisées de toute urgence, destinées à sauver des vies en germe, susceptibles de s'éteindre à tout moment.

Pendant très longtemps, devant ces « erreurs » de fabrication, on ne se posait pas la question. « C'est comme ça », disait-on, le bon Dieu en avait décidé ainsi. Puis on a remarqué qu'on l'observait plutôt chez de très jeunes mères, sans en trouver la raison. Et l'ère de la génétique est arrivée. On sait aujourd'hui que la genèse d'une cardiopathie peut être due à la perturbation de plusieurs gènes, même si de nombreux progrès restent à faire en matière de recherche. On sait aussi qu'il existe des causes non génétiques telles que l'exposition du fœtus au diabète de la mère, à la rubéole, une fièvre… Certains ont aussi insisté sur le rôle de la consommation de tabac, d'alcool ou de drogues pendant la grossesse ou des facteurs environnementaux tels que la pollution de l'air, les pesticides ou bien encore les vagues de chaleur extrême. Inversement, il a été démontré qu'un régime riche en acide folique, en vitamine B2, en riboflavine et en nicotinamide aide à protéger les enfants à naître des cardiopathies congénitales. C'est en tout cas un fait connu en médecine (comme ailleurs) : il faut toujours trouver un coupable !

Les différentes cardiopathies congénitales ? Elles sont nombreuses, pas question ici d'être exhaustif, plusieurs traités n'y suffiraient pas.

Dans le cas des « enfants bleus », par exemple, cette maladie décrite par le cardiologue marseillais Arthur Fallot associe en fait deux anomalies principales, qui abaissent le niveau d'oxygène dans le sang : un rétrécissement de l'artère pulmonaire, qui bloque le flux sanguin du côté droit du cœur vers les poumons, et un grand trou dans la paroi entre les deux ventricules du cœur. La conséquence est que le sang non oxygéné (bleu) passe vers la grande circulation (rouge). D'où la couleur…

Pendant longtemps, rien ou presque rien ne pouvait améliorer le sort de ces bambins qui traînaient leur petit visage triste, leurs lèvres cyanosées et leur petit corps malingre dans tous les hôpitaux du monde. La plupart du temps, on les trouvait accroupis dans un coin pour mieux trouver leur oxygène, dans l'attente d'une mort annoncée… En 1943, à l'hôpital Johns-Hopkins de Baltimore, la pédiatre Helen Taussig a d'abord eu une idée folle. Puisque, chez ces enfants, le chemin de l'artère pulmonaire était barré, empêchant le sang bleu (non oxygéné) d'aller dans les poumons pour devenir rouge, il fallait l'y conduire de force ! Facile à dire, mais comment ? Pas question, alors, de toucher au cœur, puisqu'on ne savait pas encore l'opérer, on ne savait pas l'arrêter, temporairement. L'idée lui est donc venue de prendre une artère de la poitrine et de la suturer dans l'artère pulmonaire, dérivation qui permettrait d'oxygéner au moins une partie de ce sang et d'améliorer un peu la vie de ces pauvres gosses ! Opération redoutablement difficile pour l'époque. C'est Alfred Blalock qui s'y est collé, non sans avoir au préalable rendu malades 200 chiens chez qui il avait créé, grâce à son technicien Vivian Thomas, l'équivalent de la maladie bleue pour les opérer. Le 29 novembre 1944, l'opération est tentée pour la première fois sur un bébé de 15 mois. Succès, la petite Eileen devient rose.

Quand l'enfant n'est pas bleu, il peut avoir, notamment, un trou dans le cœur. Ce trou peut siéger entre les oreillettes, qui communiquent alors entre elles. Ce qui fait que le sang rouge de l'oreillette gauche pénètre en force vers l'oreillette droite, car la pression est supérieure à gauche. Ainsi le cœur droit doit pomper plus fort pour acheminer le sang vers les poumons.

Depuis l'époque des pionniers, c'est-à-dire de Helen Taussig et d'Alfred Blalock, bien des progrès ont révolutionné la prise en charge de ces enfants. L'échographie assure maintenant un diagnostic complet de nombre d'anomalies avant la naissance, permettant de prévoir un accouchement en centre spécialisé où tout sera mis en œuvre dès les premières heures de vie. Bien entendu, d'autres examens sont souvent nécessaires, comme une IRM cardiaque, une vérification de la concentration en oxygène dans les différentes cavités du cœur… On est capable aujourd'hui d'intervenir chez des enfants de plus en plus jeunes. Sous circulation extracorporelle, on peut fermer les trous du cœur, remplacer des valvules défaillantes, élargir des rétrécissements… Et, possibilité ultime, effectuer une transplantation cardiaque.

17.

Le cœur des femmes, si sensible…

Nous ne sommes pas égaux devant notre cœur. Le saviez-vous ? Force est de constater que l'évolution ne nous a pas dotés du même organe vital. Le cœur de la femme est plus fragile et plus sensible que le cœur masculin. On s'en serait douté, me direz-vous ! Mais pas pour les raisons que l'on croit ! À tout le moins, le cœur féminin ne s'exprime pas de la même façon que celui des hommes. Pour tout dire, il reste même encore aujourd'hui nimbé d'un certain mystère.

Pendant longtemps, suivant le vent de l'Histoire, on n'a d'abord prêté attention qu'aux hommes. On a considéré que sur le front de l'accident cardiaque, c'étaient eux, les principales victimes. Une croyance encore tenace. Eh bien non ! Plusieurs raisons à cela : depuis une grande étude épidémiologique américaine menée sur le cœur en 1948, la Framingham Heart Study, les panels successifs ont pris pour cible l'homme de 50 ans, suspecté d'être le premier frappé par les infarctus et les maladies des coronaires. Et puis les femmes, jeunes, ont souvent été éliminées des protocoles d'étude sur les médicaments pour éviter tout risque fœtal en cas de grossesse.

Or on ne le sait que depuis peu de temps : les maladies cardiaques sont la première cause de mortalité des femmes dans le monde. Elles tuent 6 fois plus que le cancer du sein. Pour se faire une idée de l'importance du problème : chaque jour, en France, 2 femmes meurent dans des accidents de la route, 33 meurent d'un cancer du sein et 200 meurent de maladies cardio-vasculaires. Enfer et damnation des préjugés, qui s'assimilent à des pertes de chances ! De nombreux retards de diagnostic et de prise en charge sont liés au fait que les femmes ne se sentent pas concernées par ces maladies, que les symptômes sont moins typiques et caricaturaux que chez les hommes ; elles sont donc insuffisamment dépistées. Pourtant, 8 accidents cardio-vasculaires sur 10 sont évitables avec une information, une éducation à la santé et un dépistage dédié !

Si on meurt globalement bien moins du cœur depuis vingt ans, cette décroissance diffère ainsi selon l'âge et le sexe. Si elle baisse chez les hommes quel que soit leur âge, elle augmente chez la femme de moins de 55 ans. À âge égal, la mortalité hospitalière du syndrome coronarien aigu chez la femme est plus importante que chez l'homme.

Pourquoi ? La vie des femmes d'aujourd'hui cumule souvent profession et responsabilité du foyer, y compris parfois dans une grande précarité financière ou affective. Ce qui les expose de plus en plus jeunes à une mauvaise hygiène de vie, propice au développement précoce des maladies cardio-vasculaires. Et puis le tourbillon quotidien des obligations professionnelles et familiales amène à ne pas trouver le temps de prendre soin de soi. Dans le feu des journées qui s'enchaînent, on néglige les symptômes, on repousse sans cesse la consultation qui intervient souvent trop tard, on n'écoute pas les signes que le corps envoie en banalisant, en se disant : « Ce n'est rien, ça va passer… » Au fil des années, un cortège de malfaiteurs pour le cœur et les artères peuvent ainsi avancer masqués, mettant en danger des femmes de plus en plus jeunes : tabac, stress psychosocial, précarité, sédentarité, surmenage, alimentation déséquilibrée, surpoids, obésité, diabète… Des risques hormonaux spécifiques vont s'y ajouter : contraception inappropriée, grossesses de plus en plus tardives, endométriose, ménopause…

Pour appréhender les maux du cœur dans la population globale, il faut donc ramer à contresens de nos croyances les plus répandues. Et garder à l'esprit qu'à âge égal les femmes ont davantage de facteurs de risque que les hommes, avec un impact sur leurs artères plus délétère chez elles…

18.

Les femmes et leurs hormones…

Qu'est-ce qui fait la différence entre un cœur d'homme et un cœur de femme ? D'abord, mettez les deux côte à côte : le premier va vous apparaître plus gros que le second. La distinction ne saute pas plus aux yeux que celle entre une orange et un pamplemousse, mais le dehors a une incidence forte sur le dedans, puisque chez la femme les artères coronaires seront aussi plus petites (2 millimètres de diamètre au lieu de 3). Ce qui les rend plus fragiles, plus propices à la dissection (déchirure) et rend aussi plus difficiles les gestes pour les ponter (contourner l'obstruction des artères en créant une dérivation), les déboucher ou poser des *stents*, ces prothèses censées lutter contre leur rétrécissement. Chez la femme, la chirurgie cardiaque s'avère donc plus délicate, s'agissant des coronaires.

Et puis il existe une autre différence qui ne se voit pas à l'œil nu, se niche dans les parois des vaisseaux et nous explique pourquoi le cœur des femmes est si sensible. Une sensibilité qui, n'en déplaise à certains (ou certaines), n'a rien à voir avec les sentiments mais avec la biologie : le cœur féminin est plus perméable aux… hormones, ces substances chimiques qui régissent la vie de nos organes. Ah, les femmes et leurs hormones ! Dans la bouche d'un homme, cette phrase peut immédiatement être taxée de sexiste ! Et pourtant, elles y sont plus sensibles car elles ont tout simplement beaucoup plus de récepteurs hormonaux que les hommes – les récepteurs étant des protéines qui se lient aux hormones dans une cascade d'effets cellulaires entraînant une certaine modification de la physiologie et/ou du comportement. Les récepteurs servent en quelque sorte de portes aux hormones pour entrer dans les cellules.

Il y a d'abord ceux qui concernent des hormones spécifiquement féminines, les œstrogènes, fabriqués par les ovaires. La nature est bien faite : la femme est naturellement équipée de ces hormones qui vont la protéger pendant la grossesse, période où le corps doit s'armer pour affronter un chambardement majeur. Vivre pour deux, manger pour deux, respirer pour deux… ! C'est du travail ! La grossesse est un stress indiscutable pour le système cardio-vasculaire de la mère. Les artères vont devoir se dilater pendant ces neuf mois pour pomper beaucoup plus de sang (10 à 12 litres de sang par minute au lieu des 5 habituels). À la ménopause, tout change ! Quand les ovaires cessent de fabriquer les œstrogènes, la barrière de la protection contre le risque cardio-vasculaire se lève, les tuyaux de la femme deviennent comme ceux de l'homme, ils peuvent s'encrasser ! Le risque cardio-vasculaire des femmes rejoint alors celui des hommes… À la ménopause, la femme est donc fragilisée. La « crise de la cinquantaine » n'est pas que psychologique, elle est aussi biologique…

Il existe par ailleurs une deuxième catégorie de récepteurs, bien moins connus, qui sont tapis, eux, dans les parois du muscle cardiaque féminin, en bien plus grand nombre que chez l'homme : les récepteurs bêta-adrénergiques[1]. Ceux-là aussi font de petits miracles. Ils rendent les femmes plus sensibles à deux hormones qui permettent une réponse de l'organisme à un stress immédiat ou à un effort intense, l'adrénaline et la noradrénaline, lesquelles, pendant la grossesse, vont faciliter la vie des femmes puisqu'elles renforcent les contractions, augmentent la fréquence cardiaque, la vitesse de conduction et l'excitabilité. Et induisent aussi la dilatation des coronaires. Bien joué ! Toutefois, passé la phase de la reproduction, là encore, c'est une autre histoire : ces récepteurs vont avoir des effets plus négatifs... Il ne faudrait pas vieillir !

Le cœur des femmes battrait-il en somme plus fort, plus vite, plus intensément que celui des hommes, jusqu'à se briser, parfois ? Pas faux ! Cette sensibilité aux hormones du stress, si elle permet l'adaptation à la grossesse comme on vient de le voir, s'accompagne souvent d'un revers de la médaille : le cœur des femmes est effectivement plus excitable que celui des hommes. Elles ont plus tendance à avoir un cœur qui bat vite (tachycardie), à nécessiter des soins pour des troubles du rythme cardiaque. Et elles sont aussi plus souvent victimes d'un mystérieux syndrome, le « cœur brisé ». Le nombre des récepteurs bêta-adrénergiques est si important, en effet, que si la

1. Les récepteurs bêta-adrénergiques sont une classe de récepteurs susceptibles de se lier aux catécholamines circulantes (adrénaline et noradrénaline) dont on connaît les effets excitants sur le cœur. Ils permettent aussi la transduction cellulaire de l'activation du système nerveux sympathique (qui accélère le cœur). Ils sont donc la cible de nombreux médicaments contre le stress cardiaque (les bêtabloquants), qui s'opposent à leurs effets et traitent, entre autres, l'hypertension artérielle ou l'insuffisance cardiaque.

production d'adrénaline est trop forte, en cas de stress intense, le cœur est comme paralysé, tant ces récepteurs sont submergés par la marée d'adrénaline. Ce qui s'observe chez la femme et beaucoup moins chez l'homme…

Appelons-la Sarah. Quand, pour la première fois, je vois entrer cette jeune femme de 35 ans dans mon bureau, fébrile, débordée de tics, je me dis qu'il va y avoir fort à faire pour la rassurer. L'angoisse la tétanise, à un point que je n'ai encore jamais rencontré. Sarah redoute l'opération à cœur ouvert. Elle a un problème de valve mitrale – souci plus courant chez la femme que chez l'homme, on ne sait pas très bien pourquoi, et ce n'est pas toujours grave, loin de là ; il arrive souvent que l'on diagnostique une petite fuite mitrale, à surveiller, mais la plupart du temps il n'y a rien à faire.

Seulement chez Sarah, qui a vécu plusieurs œdèmes pulmonaires, il faut réparer et mettre un anneau autour de la valve. L'opération se déroule pour le mieux. Sarah se réveille en réanimation. Il est prévu qu'elle récupère vite. Mais un matin, alors que je suis à son chevet et la trouve bien pâle, elle me regarde et me souffle : « Docteur, vous m'avez brisé le cœur… », comme s'il s'agissait d'une plaisanterie. Ce n'en est pas une.

Au fil de la journée, son état se dégrade. L'après-midi, les réanimateurs, très inquiets, m'appellent. Essoufflée sur son lit, elle transpire, elle « circule » mal. L'électrocardiogramme s'affole, la pression est dans les chaussettes, le cœur ne fait plus son boulot ! Il va falloir sortir l'artillerie lourde des médicaments pour le soutenir. Surtout, l'échographie du cœur montre des images incompréhensibles, à tel point que le cardiologue qui l'a faite, pourtant ultrarodé, a appelé plusieurs de ses collègues pour recueillir leur avis. Nous sommes tous bouche bée devant l'écran : le ventricule gauche de Sarah, globuleux, ne se contracte presque plus… Il s'éteint à petit feu, devant nous.

« On dirait un Tako-Tsubo », murmure le cardiologue, d'un air dubitatif. À l'époque, nous sommes au début des années 2000, ce syndrome est encore peu connu. On l'appelle le syndrome des cœurs brisés. Tout à coup, les mots de Sarah me reviennent comme un boomerang.

Ce syndrome s'apparente en fait à une « sidération » du muscle cardiaque après un choc émotionnel.

Sarah, dès son réveil, a refait de terribles crises d'angoisse. L'explication de son état est là, sous mes yeux. J'avais eu beau la rassurer sur le caractère à la fois nécessaire et bénin de son opération, rien ne pouvait calmer son stress. Et maintenant, la situation devient incontrôlable. En urgence, je la remets en salle d'opération et décide de lui installer une assistance circulatoire qui va prendre en charge sa circulation pendant une semaine, pour mettre son cœur au repos et lui laisser le temps d'éliminer l'adrénaline qui sature ses vaisseaux. Je lui plante des canules dans les artères et les veines fémorales pour qu'une pompe assure le débit qui lui manque. Et son cœur repart…

Au réveil, Sarah a retrouvé le sourire :

« Pardonnez-moi, docteur, je vous ai causé bien des soucis. Mais mon cœur ne pouvait pas supporter tout ce stress… »

Elle a récupéré en trois jours.

19.

Des infarctus comme les hommes

Tachycardie, extrasystole... Des mots, un peu barbares, que les femmes connaissent, qu'elles ont souvent entendus, plus que les hommes. De quoi parle-t-on ? D'un tambour dans la poitrine, de contractions anormales, de la sensation étrange que le cœur va se décrocher... Des « maux » très courants et le plus souvent liés aux émotions qui traversent nos vies. Mais pas seulement.

Chez les femmes, une atteinte des petites artères coronaires ne va pas forcément se traduire par des douleurs typiques comme chez l'homme, mais bien plus souvent par une mauvaise adaptation à l'effort, un essoufflement trop rapide ou bien encore des palpitations, justement. Elles ont alors un cœur ischémique, qui n'irrigue pas suffisamment les organes en oxygène, sans que la coronographie ne donne pour autant clairement l'image d'un rétrécissement net des troncs coronaires. Pourquoi ?

Quand les coronaires des femmes sont malades, ce n'est pas la même histoire que chez les hommes. Chez eux, les plaques de graisse (on parle d'athérome) qui se déposent sur les artères sont assez localisées, ce qui rend les rétrécissements faciles à traiter. Sur les coronaires féminines, au contraire, les dépôts de cholestérol se propagent sur tout le lit du vaisseau qui apparaît souvent « mangé aux mites » comme on le dit, jalonné de multiples rétrécissements, y compris sur les petites artères – ce qui n'est pas le cas chez l'homme, sauf chez les diabétiques. D'où la nécessité d'employer d'autres techniques chez la femme que chez l'homme.

Or si l'on veut aller vers les cas les plus graves, on le sait aujourd'hui : les femmes après 50 ans ne sont pas moins touchées que les hommes par les infarctus, à savoir la destruction partielle du muscle cardiaque, due à l'obstruction d'une artère qui alimente le cœur en sang, donc en oxygène. Simplement, l'infarctus féminin étant nettement moins reconnaissable que son alter ego masculin, il est moins détecté. On n'en fait pas souvent le diagnostic et encore aujourd'hui les médecins, parfois même les cardiologues, n'y pensent pas toujours.

Impossible, chez l'homme, de passer à côté d'une douleur au niveau des coronaires. En plein effort, elle vous arrête et vous broie la poitrine. Le malade ne montre d'ailleurs jamais la douleur avec un doigt mais la main, toute la main, comme si une enclume lui compressait le thorax, en plein milieu et non à gauche – ce qui nous permet au passage de repérer ceux qui nous racontent des salades ! Un étau, ça serre, et la douleur, très violente, diffuse vers la mâchoire et le bras gauche.

La femme, elle, ne souffre pas autant, du moins dans les symptômes qu'elle rapporte en général. Elle évoque une douleur plus erratique qui se promène dans le dos, à l'estomac… Raison pour laquelle pendant très longtemps, on n'a pas pensé à l'infarctus chez elle. Même à l'issue d'un examen tel un électrocardiogramme ou un test d'effort, ce diagnostic peut être douteux. De ce fait, les médecins ne sont toujours pas suffisamment préparés aux urgences cardiologiques de la femme et certains ont trop vite fait de ranger ces douleurs au panier : on voit arriver une patiente qui essaie, avec angoisse, de raconter ses symptômes diffus… On la traite au rabais : « Ne vous inquiétez pas, madame ! Respirez ! » Comme si elle avait des vapeurs et qu'il suffisait de s'asseoir sur un tabouret ! Des histoires comme celles-là, j'en ai souvent entendu. Je ne jette pas du tout la pierre aux généralistes, tant il est compliqué de faire un bon diagnostic en quinze minutes. Mais le fait est que beaucoup d'erreurs ont été commises concernant les femmes, alors qu'elles présentent aujourd'hui bien plus de risques de mourir d'un infarctus que d'un cancer du sein, à partir de la ménopause.

Est-ce à dire qu'elles en sont prémunies quand elles sont plus jeunes ? Pas si elles présentent certains facteurs de risque, que l'on connaît désormais : prise d'une contraception œstroprogestative, de tabac, stress psychosocial… Bardée de ces facteurs-là, une femme de 35 ans est hautement exposée. Il faut le savoir. Il est en effet urgent de mieux comprendre les spécificités des maladies cardio-vasculaires chez la femme, d'adapter les traitements à leur physiologie, de favoriser une recherche spécifique et de faire en sorte que toutes ces femmes aient le même niveau d'information que les hommes et des soins d'égale qualité. Pour agir avant qu'il ne soit trop tard.

20.

Les risques, de la contraception à la ménopause

Contraception, grossesse, ménopause. Trois phases majeures dans la vie des femmes, trois rendez-vous hormonaux… À chacune d'entre elles, il est très important d'écouter son cœur (biologique) et d'organiser des dépistages. Car chacune a ses spécificités, et ses risques.

La découverte de la pilule dans les années 1950, aux États-Unis ? Une révolution de la condition féminine. En travaillant sur les hormones sexuelles (œstrogènes et progestérone), un endocrinologue américain a mis au point une pilule contenant ces deux hormones à forte dose, de nature à bloquer l'ovulation. La première (Enovid) fut utilisée en 1960 aux États-Unis. En France, il a fallu attendre la loi Neuwirth de 1967 pour qu'elle soit autorisée.

Les contraceptifs oraux de première génération contiennent donc un œstrogène et un progestatif. Leur action : réduire la mobilité des spermatozoïdes en épaississant les sécrétions du col de l'utérus et maintenir l'utérus dans un état où l'œuf est incapable de se nicher dans une paroi trop épaisse pour lui. Quand la femme cesse de prendre la pilule, les taux sanguins d'hormones chutent, ce qui provoque les règles, comme à la fin d'un cycle normal. Cette méthode dite œstroprogestative est extrêmement fiable et représente la forme la plus couramment proposée aux femmes sans risque particulier.

Seulement, il existe des contre-indications à ce type de contraception que le médecin doit rechercher avant de prescrire. Ces hormones activent en effet au niveau du foie des protéines responsables de la coagulation du sang. Ce qui peut donc faire naître des caillots capables de boucher une veine ou une artère... Et corser en la matière des antécédents personnels et familiaux d'hypertension, de diabète, d'hypercholestérolémie ou de phlébite. Le tabagisme, surtout chez les femmes de plus de 35 ans (plus de dix cigarettes par jour), est aussi un problème. En résumé, la pilule œstroprogestative chez une fumeuse de plus de 35 ans qui aurait des facteurs de risque cardiovasculaire est formellement contre-indiquée. À retenir !

Arrive ensuite le moment de la grossesse, moment où, on l'a vu, le système parasympathique et les hormones du stress fonctionnent à plein pour permettre la dilatation des artères et l'augmentation de la fréquence cardiaque. Tout cela est normal et habituellement bien supporté. Il n'en va pas de même quand la mère est porteuse d'une pathologie silencieuse qui va se révéler à la faveur de cette augmentation du travail cardiaque. Prenons l'exemple de la femme ayant un rétrécissement de la valve mitrale peu symptomatique. Si celui-ci était supportable avant, il peut devenir un obstacle réel quand double le débit sanguin.

Pendant la seconde moitié de la grossesse, les femmes peuvent aussi développer ce que l'on nomme une prééclampsie, qui correspond notamment à une hypertension artérielle sévère et doit impérativement être traitée, au risque d'évoluer gravement.

C'est aussi à partir des derniers mois de grossesse que

les hormones, anticipant l'accouchement et les risques de saignements qui l'accompagnent, entraînent la synthèse de substances qui favorisent la coagulation du sang. Ce qui accroît le risque de thromboses, en particulier veineuses.

Qu'est-ce qu'une embolie pulmonaire (EP) ?

Il peut se former un caillot de sang dans une veine, en de nombreuses circonstances. Si ce caillot se mobilise, il va « remonter » vers le cœur droit, s'engager vers les poumons par l'artère pulmonaire. Et là, comme l'artère se divise progressivement et devient de plus en plus petite, il se bloque. Si le blocage a lieu dans une grosse artère, il s'agit d'une EP massive et cela peut entraîner la mort brutale. Dans les autres cas, cela entraîne une baisse du débit cardiaque et une moindre oxygénation du sang, correspondant au territoire exclu par l'EP. L'EP peut se rencontrer pendant le post-partum, quand un caillot formé par la compression de l'utérus gravide est libéré par l'accouchement.

Mais la grande période de danger cardio-vasculaire chez les femmes, c'est la ménopause. L'absence d'hormones sexuelles ramène ce risque au même niveau que chez les hommes, on l'a dit. Il est aussi banal de constater que la ménopause s'accompagne souvent d'une prise de poids, parfois d'une augmentation de la tension artérielle, voire de la glycémie, premier signe avant-coureur du diabète. Sans compter tous les inconforts de la vie de la plupart des femmes ménopausées, liés eux aussi à la chute des hormones : bouffées de chaleur, perte de la libido, sécheresse vaginale, autant de troubles qui altèrent la qualité de vie familiale, sociale et professionnelle.

Alors pourquoi ne pas donner, systématiquement, un traitement substitutif d'œstrogènes, pour éviter ces inconvénients et continuer à protéger nos artères ? C'est évidemment ce qui a été tenté. Et c'est tout le débat « postménopause ». Car en 2002 ont été publiés, à grand bruit, les résultats d'une étude américaine (la WHI : the Women's Health Initiative) qui avait pour objectif d'évaluer les risques et les bénéfices du traitement hormonal substitutif à base d'œstroprogestatifs par voie orale chez les femmes ménopausées. Prévu pour durer un peu plus de huit ans jusqu'en 2005, l'essai fut prématurément arrêté en 2002, au bout de seulement cinq ans. Trop d'événements cardio-vasculaires inattendus avaient semé la zizanie…

Dans une partie de leur article consacré aux limites de l'étude, les auteurs eux-mêmes écrivaient déjà qu'ils n'avaient testé qu'un seul traitement, que ces résultats n'étaient pas forcément applicables à des posologies plus faibles ou avec d'autres hormones que celles choisies. Pourtant, par la suite, le risque invoqué d'accidents cardiaques et de cancers du sein a poussé beaucoup de médecins à déconseiller tout traitement substitutif de la ménopause. On n'est jamais trop prudent, surtout quand le bénéfice se limite à un confort de vie considéré comme secondaire !

En France, désormais, on privilégie le gel d'œstrogènes en application cutanée ou par patch. Ainsi, les œstrogènes ne passent pas par le foie comme dans la voie orale et n'activent donc ni la coagulation ni le métabolisme des graisses. Le traitement est complété par de la progestérone orale pour contrebalancer le risque de cancer lié à la prescription d'œstrogènes seuls. Il doit être mis en route dans les cinq à dix ans suivant l'arrêt des règles, en réalité le plus tôt possible. Bien évidemment, avant toute prescription, un bilan s'impose pour dépister les femmes à risque. L'existence d'un antécédent artériel ou veineux, ou un diabète, sont des contre-indications. On considère en revanche qu'une femme de moins de 60 ans, invalidée par sa ménopause (bouffées de chaleur, sécheresse vaginale...), sans facteurs de risque cardio-vasculaire ou seulement une hypertension modérée et traitée, peut bénéficier du traitement. Mais attention, toutes les femmes sous traitement hormonal substitutif doivent bénéficier d'une réévaluation de leur état de santé par leur médecin au moins une fois par an.

L'apnée du sommeil, facteur de risque cardio-vasculaire chez la femme

Le syndrome d'apnée du sommeil (SAS) est connu chez l'homme, et plus fréquent que chez la femme. Pourtant, on peut noter qu'il augmente chez elle avec l'âge. Et c'est même un marqueur de risque cardio-vasculaire pour 30 % d'entre elles. Si le SAS n'est pas connu, il faut le rechercher si la patiente souffre d'hypertension résistante, de fibrillation atriale ou d'insuffisance cardiaque et ne pas écarter les risques, même chez les femmes enceintes et a fortiori ménopausées.

21.

Panne dans le circuit !

Si puissant et si fragile cœur humain… Notre mécanique est parfaitement réglée, à la microseconde, tel un grand orchestre qui ne ferait entendre nulle dissonance, nul soupir mal placé. Une extraordinaire symphonie qui bat, au fond de nous. Pourtant, au fil d'une vie, bien des fausses notes peuvent venir l'entacher. Parfois, notre cœur s'enraie, d'autres fois il s'emballe. On entre ici dans le vaste champ de la pathologie cardiaque.

Dès le 27ᵉ jour de vie intra-utérine, le cœur a la propriété de se contracter spontanément, et il le fera jusqu'à la fin de notre vie. Cela, parce qu'au milieu des cellules musculaires du myocarde, se niche un croissant de cellules un peu différentes, qui ont la propriété de se dépolariser spontanément environ 70 fois par minute. C'est le nœud sinusal, qui fait office de générateur et de métronome du cœur.

Mais que se passe-t-il si ce nœud tombe en panne ? Cela arrive. Dans l'installation électrique d'une maison, un court-circuit peut tout faire disjoncter… C'est pareil ici ! En réalité, dans toutes les parties du cœur, on trouve des cellules « pace-makers ». Si jamais une partie fait défaut, les autres peuvent donc prendre le relais. Plus la cellule sera située vers le haut (c'est-à-dire proche des oreillettes), plus la contraction sera rapide et relativement stable. Ce qui ne sera pas le cas des cellules ventriculaires, qui auront, elles, une fréquence très basse et instable, avec des pauses. Autrement dit, mieux vaut que le nœud sinusal ne tombe pas trop en panne !

Avec l'âge, des « interruptions de conduction » peuvent se produire, comme si le faisceau de His, qui s'apparente à un fil électrique, se coupait. Que se passe-t-il alors ? Le cœur fait pause, ce qui entraîne la diminution du débit cardiaque, et donc la syncope.

Marion est étudiante en médecine. Ce jour-là, elle a décidé de sortir avec son grand-père. Raymond a 82 ans, certes, mais il est très alerte. Il vit seul dans son appartement, déborde d'activités associatives. Cette sortie avec sa petite-fille est pour lui une joie sans bornes. Guillerets, les voilà qu'ils traversent tous deux le boulevard des Invalides. En plein milieu du boulevard, Raymond s'écroule. C'est la syncope.

Prise au dépourvu, Marion se remémore ses cours de médecine. Elle cherche le pouls de Raymond à la carotide, ne sent rien. Pas de défibrillateur sous la main. Marion hurle à un passant d'appeler le 15. Ce faisant, elle assène un violent coup de poing sur la poitrine du grand-père. Miracle, le choc déclenche la contraction du cœur, elle en perçoit l'ondée en maintenant ses doigts sur la carotide. Elle continue. Quand le SAMU arrive, Raymond est déjà réveillé, maugréant le classique : « Où suis-je ? » Diagnostic : un « bloc auriculo-ventriculaire complet », c'est-à-dire que le courant ne passe plus entre le nœud sinusal et les ventricules. Les fils électriques ont rompu. Mais les coups de poing répétés de Marion ont eu pour effet d'exciter directement la contraction ventriculaire, en attendant la reprise spontanée. Les médecins du SAMU montent une sonde dans le cœur de Raymond pour le déclencher directement au moyen d'un stimulateur. À l'hôpital, un pace-maker définitif lui sera posé. Marion a sauvé la vie de son grand-père.

Vous connaissez le pace-maker (ou stimulateur cardiaque, en français). Quand John Hopps l'a imaginé en 1950, il s'agissait tout simplement d'une pile, implantée dans le corps, dont le but était de délivrer des impulsions électriques dans le cœur, toutes les secondes. Des électrodes étaient cousues sur le cœur et on mettait la pile dans l'abdomen.

On préconise un pace-maker quand le système autonome ne fonctionne plus, justement. Les indications sont multiples, en dehors du « bloc auriculo-ventriculaire », il s'agit parfois simplement de coiffer un rythme cardiaque, à savoir de régler le pace-maker un peu plus vite que le rythme spontané du cœur, pour qu'il prenne le dessus sur la contraction naturelle. Ce qui peut être utile dans certaines maladies comme l'insuffisance cardiaque, ou quand on est obligé de donner des médicaments qui vont ralentir le cœur, notamment des bêtabloquants. Le pace-maker, qui s'apparente un peu à une gâchette, compense le défaut de stimulation. Mais en aucun cas il ne remplace le cœur. Si la pompe ne marche déjà pas bien, elle ne marchera pas mieux !

Des pace-makers, on en prescrit fréquemment – on le voit dans les aéroports, ça sonne beaucoup au portique ! Sans doute trop, tant le geste est simple, sous anesthésie locale. Ce ne sont d'ailleurs plus les chirurgiens qui le font mais les cardiologues, et certains ne vivent que de ça !

Les progrès en la matière ont été considérables. Aujourd'hui, on ne coud plus les électrodes sur le cœur, on les pique dans une veine au niveau de l'aisselle et on pousse la sonde jusqu'au ventricule droit où elles s'accrochent dans le muscle. Le boîtier du stimulateur contient toujours une pile mais il s'est adjoint un petit ordinateur capable d'analyser en permanence le rythme cardiaque et de délivrer un courant électrique pour stimuler le cœur seulement si nécessaire. En outre, ce petit appareil de 28 grammes, qui doit être changé tous les sept ans, est capable de stocker des informations sur le rythme... De l'extérieur, le cardiologue peut donc l'interroger pour connaître les données enregistrées et dialoguer avec lui pour en modifier les constantes. Pratique !

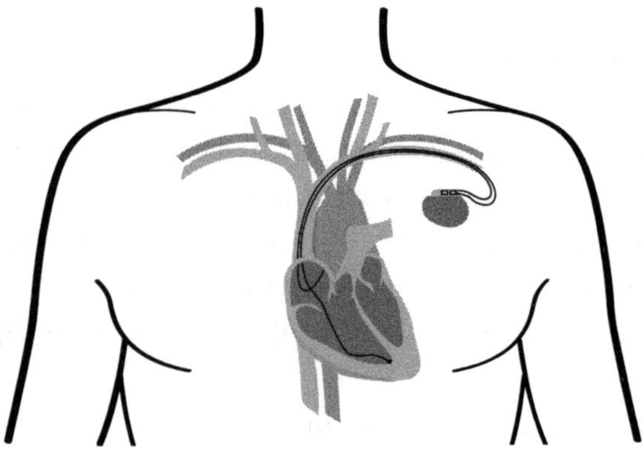

Mise en place d'un pace-maker
La petite pile est glissée sous la peau devant le creux axillaire gauche. La sonde passe par les veines jusqu'au ventricule droit où elle s'accroche.

22.

Le cœur qui « décroche » : vous avez dit extrasystoles ?

Les troubles du rythme sont, on le comprend, une cause très importante de dysfonction du cœur. On peut mourir d'un cœur qui bat trop lentement. On peut aussi mourir d'un cœur qui bat trop vite.

Il vient de s'écrouler sur le canapé de mon bureau, la tête en arrière.

« Patron, ça ne va pas… »

« Il », c'est Alain, l'un des cardiologues de mon service. Quand il débarque comme ça dans mon bureau, ferme la porte et s'allonge sans rien dire, je sais ce que je dois faire, et vite. M'approcher de lui, fermer ses paupières et appuyer fermement, pendant plusieurs secondes, sur ses deux yeux, jusqu'à lui faire mal. C'est alors qu'il se lève et me dit :

« C'est bon. C'est passé, merci. »

Et Alain repart, soulagé, vaquer à ses occupations de cardiologue.

Cette scène peut sembler surréaliste mais Alain a depuis la naissance la maladie de Bouveret. Brutalement, sans avertir, le cœur s'emballe comme un cheval fou. Il se met à se contracter à plus de 180-200 battements par minute, source d'un violent malaise. Pour tâcher de le faire revenir à la normale, il existe plusieurs techniques : masser les artères carotides au niveau du cou, boire un verre d'eau froide, provoquer un réflexe nauséeux, faire la manœuvre des plongeurs (Valsalva) qui consiste à prendre une grande inspiration puis à expirer fortement en fermant la bouche et en bouchant le nez pour empêcher l'air de sortir…

Avec Alain, on a eu le temps de le tester tous les deux, ce qui fonctionne, c'est l'action sur les globes oculaires. Ce faisant, je provoque un choc au niveau de son système sympathique qui a envoyé un message d'erreur à ses oreillettes, créant un gros dysfonctionnement dans leur pace-maker. La douleur que je crée coupe ce moulinet.

Le propre de cette maladie est en fait un défaut au niveau de la conduction cardiaque ; une sorte de double foyer de départ s'est créé, comme si le cœur était stimulé deux fois ! La crise a la particularité de survenir sans prémices et de s'arrêter tout aussi brutalement, après la manœuvre des yeux, par exemple, parfois aussi spontanément.

Un simple électrocardiogramme permet de différencier la maladie de Bouveret des autres troubles du rythme cardiaque. Mais quand la succession des crises de tachycardie devient handicapante au quotidien et conduit à des vertiges, des étourdissements ou des pertes de connaissance, un bilan plus approfondi est nécessaire. Le cardiologue réalise alors un enregistrement d'activité électrique en introduisant une sonde directement dans le cœur. Une crise de tachycardie est déclenchée, ce qui permet d'aller chercher où est le foyer (aberrant) de départ.

« Docteur, j'ai l'impression que mon cœur va se décrocher de ma poitrine ! Comme s'il oubliait de se contracter… ça me coupe la respiration… et puis il repart comme avant… J'ai peur qu'il s'arrête… »

Un bout de bois qui se balance au bout d'un filin, sur un bateau allant et venant au gré des flots… C'est ça, la sensation. Flottante. Au creux de la poitrine.

Face à sa patiente, le médecin a déjà compris. Une trentaine d'années, un métier plutôt stressant dans la finance, mère de deux enfants en bas âge. À l'évidence, elle fait des extrasystoles ! Ce qu'il lui faut comprendre, c'est pourquoi elle semble en faire de plus en plus.

« Êtes-vous fumeuse ? Combien de verres de vin par jour ? Combien de cafés, de thés ? »

Une extrasystole, c'est un battement cardiaque « en plus » qui survient avant un battement normal et qui est provoqué par un signal électrique arrivant trop tôt dans le cœur. Ce signal provient le plus souvent des oreillettes, parfois des ventricules (un électrocardiogramme le montrera facilement). Et il est suivi d'une pause un peu plus longue que la normale, c'est elle qui inquiète la patiente, qui a la perception d'un battement manqué.

C'est grave, docteur ? Pas du tout ! L'extrasystole est le plus souvent bénigne. Ces palpitations sont la rançon du stress, de trop d'excitants tous les jours, les « petits » cafés du bureau… Elles peuvent aussi être favorisées par certains médicaments contre l'asthme, le rhume ou les allergies. La plupart du temps, aucun traitement n'est nécessaire, simplement faire comprendre à la patiente qu'elle doit interrompre tout ce qui est susceptible de favoriser l'hyperexcitabilité de son cœur et lui apprendre à gérer son stress. Facile à dire !

23.

Quand notre cœur bat l'anarchie…

Le jour, la nuit, vous êtes debout dans le bus, assis à table, couché… Cela peut arriver n'importe quand, n'importe où. Soudain, votre cœur se met à cogner trop fort. Sensation haletante, désagréable, d'un tambour dans la poitrine. Que se passe-t-il ? « C'est le stress, se dit-on, c'est la tachycardie… »

Vous n'en avez probablement jamais entendu parler, voici pourtant la vedette des troubles du rythme. La fibrillation atriale, ou arythmie complète par fibrillation atriale (AC/FA) : celle qui fait battre notre cœur de manière irrégulière, par épisodes ou de façon permanente.

Heureusement, les troubles du rythme les plus fréquents ne concernent *que* les oreillettes, ces cavités supérieures du cœur. C'est le cas ici. En temps normal, on le sait, oreillettes et ventricules se contractent sous l'effet d'une impulsion électrique régulière, de 70 ou 80 battements par minute. Mais il arrive que le muscle des oreillettes soit pris d'un petit vent de folie et se contracte de manière aussi désordonnée qu'inefficace. Et quand les oreillettes se contractent dans l'anarchie, les ventricules ne peuvent plus suivre… C'est le désordre généralisé !

On estime qu'en France la fibrillation atriale ne

concerne pas moins d'un million de personnes. Il s'agit bien de l'une des grandes épidémies du troisième âge, qui touche 10 % de la population après 80 ans. Mais d'autres l'ignorent et ne découvriront leur arythmie qu'au hasard d'une complication.

Aujourd'hui, de nombreuses montres connectées permettent de dépister les signaux de cette arythmie, qui peut être favorisée par l'âge et l'obésité et qui apparaît le plus souvent secondaire à une maladie cardiaque, telle une atteinte des coronaires ou une hypertension. Mais les maladies des valves, qui distendent les oreillettes, en sont aussi une cause fréquente. D'autres causes sont possibles : infection, hyperthyroïdie, prise de cocaïne et d'amphétamines, ingestion massive d'alcool…

Les conséquences de l'AC/FA ne sont pas à prendre à la légère, car elles peuvent être graves. La contraction des oreillettes faisant défaut, le débit cardiaque en est diminué d'environ 20 % et limite donc les performances physiques. Comme le sang a tendance à stagner dans les oreillettes, créant une sorte de flux en tourbillon, du fait de la contraction anarchique, il a tendance à former des caillots qui, libérés dans la circulation à un moment ou à un autre, vont entraîner une embolie. Et si les caillots se forment dans l'oreillette gauche, le risque d'accident vasculaire cérébral devient alors majeur… Et le traitement anticoagulant s'impose.

En cas de fibrillation persistante, des médicaments spécifiques peuvent être indiqués. Et si cela ne fait pas revenir le rythme à la normale, on peut faire passer un choc électrique dans le cœur pour l'aider à retrouver son rythme sinusal. Un geste simple et efficace, sous anesthésie générale.

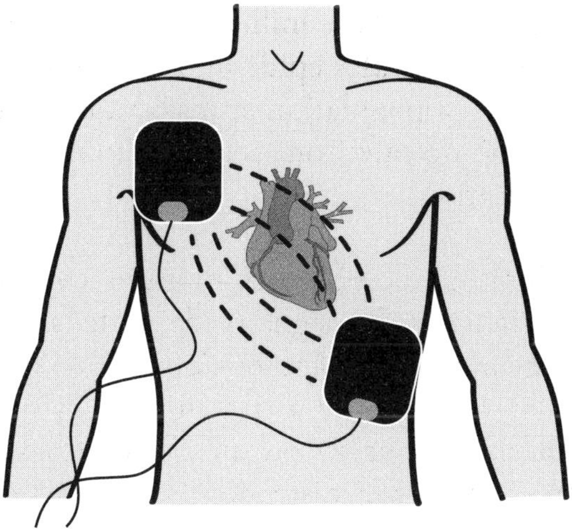

Mise en place des palettes d'un défibrillateur externe
Le choc électrique permet de rétablir le rythme sinusal en supprimant la fibrillation atriale.

Qu'est-ce qu'un holter ECG ?

Parfois, le cardiologue vous propose de vous équiper de ce petit boîtier pendant vingt-quatre heures. Il s'agit d'un enregistreur de l'électrocardiogramme, de nature à mettre en évidence un trouble du rythme. On place des électrodes sur la poitrine et on les relie à un boîtier qui va enregistrer l'activité du cœur pendant ce laps de temps. Si on doit le faire sur une durée plus longue, par exemple plusieurs mois, on utilise un autre petit appareil qui est, lui, placé sous la peau : le Reveal.

24.

« J'ai mal à mes artères, docteur… »

Au fil des années, de manière aussi lente qu'insidieuse, le cœur est amené à s'encrasser. À quoi peut bien ressembler un cœur qui s'encrasse ? À un cœur normal, mon général ! On imagine un moteur baignant dans le cambouis. Pas du tout ! Au premier coup d'œil, il n'en est rien. Si on le touche, c'est différent. Le doigt ganté du chirurgien peut percevoir, le long des vaisseaux, des zones plus dures, un peu comme si des paquets de petits cailloux s'y étaient déposés. Attention, danger !

Ce sont elles, en réalité, les artères du cœur, les coronaires, qui s'encrassent. Les coronaires, les vedettes de la fin du XXe siècle, en cardiologie ! Elles le sont depuis qu'on a compris que le bon fonctionnement du cœur dépend de sa vascularisation, donc de l'apport permanent de nutriments et d'oxygène. Toute limitation en la matière a de fâcheuses conséquences sur notre organe qui a en permanence besoin d'énergie pour se contracter. Élémentaire !

Petites (entre 3 et 5 millimètres de diamètre), les coronaires permettent, au repos, d'assurer un débit sanguin entre 5 et 10 % du débit cardiaque total, ce qui est considérable pour un organe de 300 grammes. En cas d'effort,

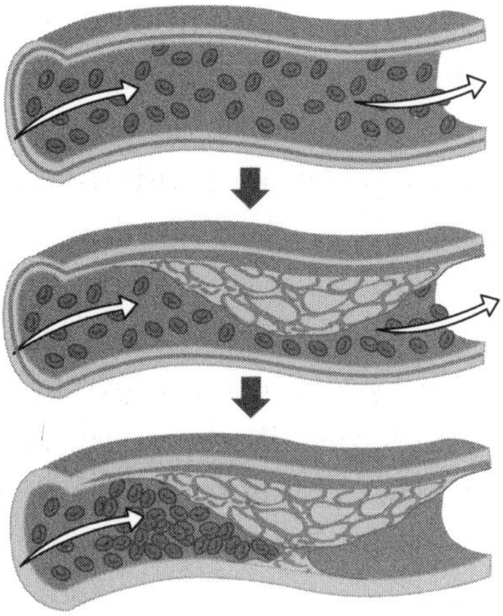

Constitution progressive d'une plaque d'athérome
En haut : artère saine. Au milieu : dépôt de graisses et de calcaire qui rétrécissent l'artère. En bas : obstruction complète.

elles sont capables de se dilater pour augmenter ce débit. Tout va donc pour le mieux quand, bien ouvertes, elles permettent une franche irrigation du muscle cardiaque. Qu'elles s'obstruent… et tout commence à dérailler. La maladie du siècle, c'est bien celle-ci, la maladie des artères…

Toutes les artères du corps peuvent être touchées : les artères carotides, avec un risque d'AVC ; les artères des membres inférieurs avec un risque de gangrène ; les artères rénales et leur risque d'hypertension. On retiendra ici le seul cas des coronaires, qui font courir le risque de l'infarctus, au pronostic terrible s'il n'est pas traité à temps.

Le processus peut parfois durer des années, en silence : sur les parois internes des coronaires, se déposent des graisses, souvent additionnées de calcium, qui ont pour effet de les rétrécir et parfois de les occlure. Si l'on ouvre une artère au niveau de l'un de ces dépôts, on peut y constater une saillie jaune et encore molle, qui est en fait la lésion débutante, ou bien une plaque plus dure chargée de calcium, avec au fond du cratère un caillot rougeâtre en formation. Pas très joli à voir ! C'est en tout cas aujourd'hui l'une des maladies les plus répandues au monde : l'artériosclérose ou athérome, qui signifie « bouillie » et « durcissement » en grec. Le mot à lui seul résume bien le problème : il se produit conjointement un épaississement et un durcissement du conduit, qui ne font qu'augmenter au fil du temps, gênant de plus en plus la circulation du sang.

Et puis, un jour, ces plaques peuvent se déchirer. Il se forme alors un caillot, lequel va obstruer brutalement l'artère, entraînant un infarctus.

La cause de la déchirure de ces plaques reste encore mystérieuse. On pense qu'un stress entraînant une poussée d'hypertension peut être un facteur déclenchant.

Pourquoi le sang ne coagule pas dans les artères ?

Dans les années 1970, j'ai eu la chance de rencontrer à Londres deux chercheurs, John Vane et Salvador Moncada, qui s'étaient posé une question simple : « Pourquoi le sang qui coagule sur toutes les surfaces inertes ou vivantes ne coagule-t-il pas dans les veines et les artères ? » La plupart des médecins haussaient les épaules : « Question idiote : si le sang coagulait dans les artères, la vie ne serait pas possible ! » N'écoutant que leur intuition, les deux chercheurs se sont mis en chasse de la substance mystérieuse qui empêche la fabrication de caillots et ont passé un certain nombre d'aortes de lapin à la moulinette. C'est ainsi qu'ils ont pu identifier la fameuse substance, la prostacycline, qui empêchait l'adhérence sur la paroi des artères des plaquettes sanguines, qui aident le sang à coaguler quand on se blesse, par exemple. Un médicament très puissant pour dilater et protéger les artères a pu être fabriqué : l'Ilomédine. Et John Vane, pour la réponse à sa question idiote (!), a obtenu le prix Nobel en 1982 !

25.

L'angine de poitrine

Au départ, la douleur ne survient qu'au moment de l'exercice physique. L'effort demandant plus d'apport sanguin, la zone du myocarde qui dépend d'une artère rétrécie envoie un SOS : une douleur qui serre très fort la poitrine, comme un étau qui vous comprime et ne s'évanouit qu'à l'arrêt de l'effort. C'est ce que l'on appelle l'angine de poitrine. Et c'est évidemment à ce stade qu'il faut agir.

Des examens sont nécessaires pour relier avec certitude ce type de douleur aux coronaires. D'abord, on effectue un ECG d'effort, excellent examen de dépistage qui consiste à faire pédaler le patient tout en réalisant un électrocardiogramme. Avant toute douleur, l'ECG est perturbé par des signes spécifiques. On arrête alors tout pédalage pour ne prendre aucun risque.

L'étape suivante est la coronarographie, c'est-à-dire l'injection d'un produit iodé directement dans les artères du cœur pour visualiser les zones de rétrécissement. En fonction, on pourra ensuite choisir entre deux techniques : l'angioplastie ou les pontages coronaires.

L'angioplastie. Quand l'obstruction est bien repérée, le cardiologue introduit dans la coronaire un cathéter avec un ballonnet qu'il va gonfler au niveau du rétrécissement pour la dilater. Puis, pour éviter la récidive, il va laisser en place un petit grillage (ou endoprothèse, *stent* en anglais) qui justifiera des médicaments au long cours.

Les pontages coronaires. Il s'agit d'une technique de chirurgie réalisée le plus souvent sous circulation extracorporelle. Le principe est simple : on utilise une petite artère de la poitrine, l'artère mammaire, et on la coud pour passer « en pont » au-dessus de la zone qui a rétréci. On peut parfois utiliser une veine de la jambe ou une artère du bras. Au prix d'une hospitalisation d'une semaine, les résultats sont excellents : le malade retrouve une activité normale, à l'abri de l'infarctus.

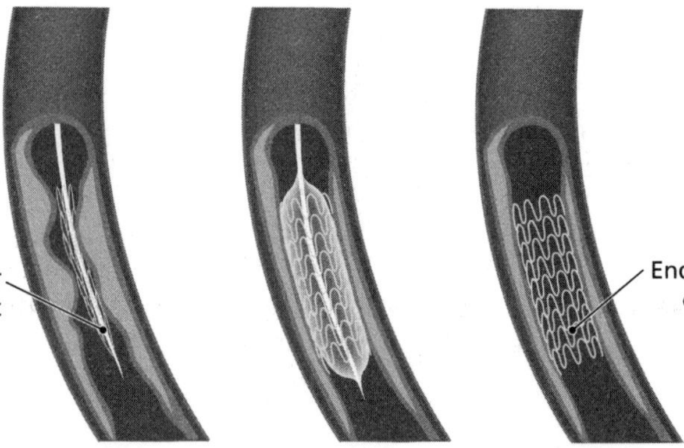

Technique d'une angioplastie coronaire avec stent

1. Le guide franchit l'obstacle et se positionne devant la plaque d'athérome.

2. Gonflage du ballon et du stent *pour écraser la plaque.*

3. Le cathéter est retiré et le stent *reste en place pour éviter les récidives.*

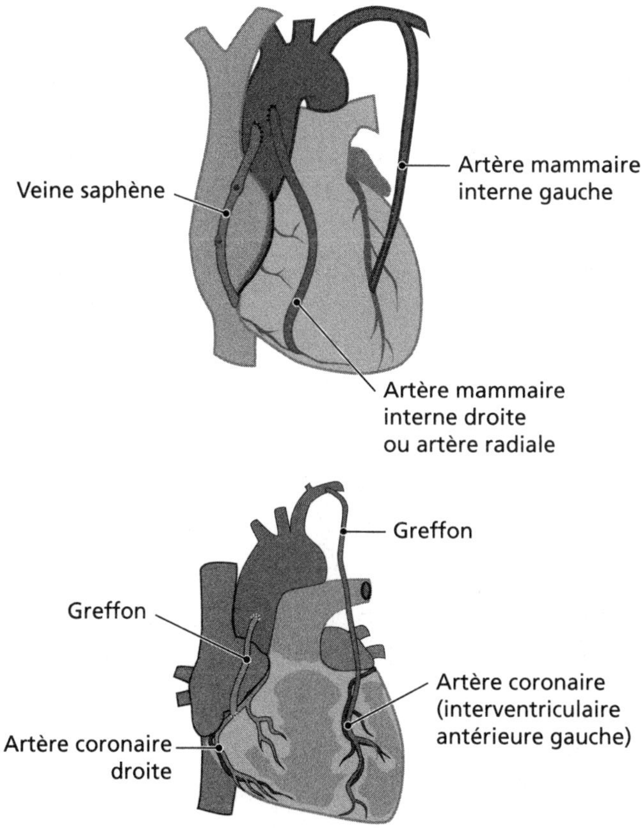

Pontages coronaires
Des greffons artériels (artères mammaires ou radiales) ou des veines (saphènes de jambe) sont cousus en pont au-dessus des zones de rétrécissement.

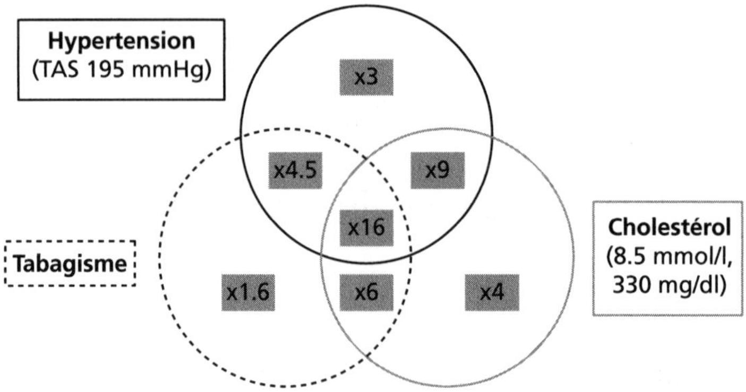

Schéma montrant la multiplication des facteurs de risque de la maladie athéromateuse

26.

L'infarctus du myocarde

Parfois, les signes évoqués plus haut ont été négligés. Ou alors ils n'ont pas été typiques (la douleur siégeait ailleurs que dans la poitrine, par exemple dans le dos ou l'abdomen). Ou bien encore il n'y avait aucun symptôme ! Et un beau jour, l'occlusion totale de l'artère se produit. C'est le drame, l'infarctus ! En quelques secondes, tout le territoire du cœur qui dépend de l'artère bouchée se retrouve en souffrance majeure. La douleur est atroce, enserre la poitrine, irradie vers les mâchoires et le bras gauche. Et rien ne semble pouvoir la calmer… Imaginez : si une grosse artère coronaire se bouche, votre cœur est un peu comme une voiture en marche dont on couperait brutalement l'arrivée d'essence, elle s'arrête ! La crise cardiaque est là. Et en dehors d'un milieu très spécialisé, il n'y a pas de réanimation efficace possible…

Que faut-il faire ? Déboucher l'artère le plus vite possible ! Les urgentistes transportent le malade vers l'hôpital le plus proche, où les médecins pourront alors pratiquer une angioplastie, après une coronarographie. Aucun problème quand on habite une grande ville. Dans le cas contraire… En clair, mieux vaut habiter dans le XVe arrondissement de Paris, à côté de Pompidou, que dans un charmant petit village au fin fond de la montagne corse ! Car le délai idéal pour faire une angioplastie d'urgence ne doit pas dépasser une heure et demie. Si c'est plus long, il est préférable de choisir une autre technique : la thrombolyse. On injecte au malade un produit capable de détruire le caillot (un genre de déboucheur de tuyau biologique), donc d'assurer la reperfusion de l'artère. Mais cette technique s'avère moins efficace que la précédente et comporte des risques hémorragiques.

Les conséquences de l'infarctus sont très variables. Plus il est étendu, plus cela sera sérieux car il aura modifié les dimensions et le fonctionnement du cœur. Si l'artère qui se bouche est de petite taille, seul le territoire du cœur qu'elle irrigue se voit alors privé de sang. Dans ce cas, les cellules musculaires qui en dépendent vont mourir, se nécroser. Pour autant, le cœur peut continuer de battre. La cicatrice créée se verra toujours sur l'électrocardiogramme et la contraction du cœur en sera diminuée. Mais souvent, des mécanismes compensateurs peuvent prendre le relais et le patient ne s'en trouvera que modérément gêné. Dans tous les cas, les conséquences sont directement liées à la rapidité d'action des médecins.

J'ai fait ma thèse de doctorat à une époque révolue où toutes ces techniques n'existaient pas encore ! Avec Alain Deloche, nous étions taraudés par une question : peut-on empêcher l'infarctus alors qu'il a déjà commencé, si on arrive à revasculariser rapidement la coronaire ? C'était encore de la science-fiction, en 1970, et tous les grands pontes de la cardiologie nous prenaient pour des fous ! Têtu, j'ai pris le rat pour cobaye. Je faisais une ligature sur une coronaire puis je l'enlevais au bout de vingt minutes, une heure, deux heures, et je regardais ce qui se passait au niveau du cœur, de sa vitalité. Clairement, plus on s'y prenait tôt, plus on pouvait empêcher l'infarctus. Avec Alain, nous avons ainsi opéré plus de 300 rats, martyrs de la science ! J'ai présenté nos résultats devant le grand ténor de la cardiologie de l'époque, le professeur Jean Lenègre. À la fin de mon exposé, je me souviens encore de son silence, suivi d'un tonitruant : « Je vous félicite pour ce travail qui fait incontestablement avancer la compréhension de l'infarctus… du rat ! »

Il ne pouvait imaginer la future révolution en marche. Aujourd'hui, on sait qu'il faut revasculariser l'infarctus dans la première heure (grâce aux techniques de *stenting* et d'angioplastie) si on veut éviter la mort.

27.

Une population entière sous le microscope !

Pourquoi, du jour au lendemain, la petite ville de Framingham, dans le Massachusetts, est-elle devenue célèbre dans le monde de la cardiologie ? Des allées bien bordées, des bâtiments typiques de la côte est de l'Amérique du Nord, une population laborieuse et relativement sédentaire, rien ne prédestinait cette agglomération de 50 000 habitants, en 1948, aux feux de la rampe ! Et pourtant, elle fut choisie pour devenir le terrain d'étude d'une population réelle afin d'aider à comprendre une pathologie qui commençait à inquiéter les autorités sanitaires des États-Unis : le risque cardio-vasculaire.

Les Américains ont le génie de ces études épidémiologiques de grande envergure. Depuis soixante-dix ans, cette population est donc suivie par toute une batterie de médecins qui analysent avec le plus grand soin son évolution médicale sur plus de trois générations.

Ce sont les résultats de cette étude qui ont permis de comprendre les grands facteurs de risque de la maladie des artères. On les connaît maintenant très bien, tant ils ont été rabâchés par les médecins : le cholestérol, le tabac, la sédentarité… Ils ont aussi permis de démasquer les deux maladies complices de cette « épidémie » cardio-vasculaire :

l'hypertension, qui durcit sournoisement les artères, et le diabète, qui perturbe le métabolisme des sucres. Seul problème, au départ, la Framingham Heart Study s'est surtout préoccupée des hommes américains de plus de 50 ans… Et les femmes, dans tout ça ? Quant aux Européens, sont-ils semblables aux Américains ? Mangent-ils, boivent-ils les mêmes choses ? Pas certain…

Cela dit, un point majeur ressortait de l'étude : les facteurs de risque, s'ils sont multiples, se potentialisent.

Ainsi, si un cholestérol élevé multiplie par 4 le risque cardio-vasculaire, le tabagisme par 1,6 et l'hypertension par 3, l'association des trois le multiplie par… 16 !

Depuis, dans le monde entier, d'autres études se sont attachées à comprendre la maladie des artères, dans l'espoir de la prévenir ou de la guérir. Les médicaments, les traitements qui ont ainsi été mis au point dans les cinquante dernières années sont impressionnants d'efficacité. Le nombre de patients traités se chiffre en millions. Les résultats, même si l'on peut toujours mieux faire, se traduisent par un allongement significatif de l'espérance de vie dans tous les pays occidentaux et c'est une certitude : la population française a gagné vingt ans de vie supplémentaires au cours des soixante dernières années ! Événement unique dans l'Histoire !

28.

Bon ou mauvais cholestérol ?

Nous le savons tous aujourd'hui, la graisse qui s'accumule dans les plaques d'athérome, c'est le cholestérol ! C'est lui, le coupable ! La Framingham Heart Study et de nombreuses autres études ont bien montré que l'infarctus du myocarde et les maladies cardio-vasculaires sont corrélés à un certain taux de cholestérol dans le sang. On pourrait donc penser qu'il nous faut à tout prix lutter contre ! Oui mais… attention, ce n'est pas si simple. Ce même cholestérol est indispensable à la vie : il participe à la synthèse de nombreuses hormones (testostérone et cortisone) ; entre dans la composition des membranes cellulaires (90 % du cholestérol total de notre corps) ; dans la bile, il permet de digérer les graisses alimentaires. C'est aussi un précurseur de la bienfaisante vitamine D et, surtout, c'est un composant de notre cerveau qui participe à la formation des synapses de nos précieux neurones. Impossible de s'en passer, donc !

C'est notre foie qui assure les trois quarts de la production du cholestérol de notre organisme. Il contient une enzyme indispensable à sa synthèse, l'HMG Coenzyme A réductase – enzyme qui est le point d'action de tous les traitements modernes anticholestérol. Contrairement à ce qu'on peut penser, l'alimentation n'intervient donc que faiblement dans notre cholestérol. Son taux ne doit simplement pas dépasser 2 grammes par litre. Premier point !

Ensuite, le cholestérol est une graisse. Il n'est donc pas soluble dans le plasma sanguin et doit s'accrocher à une protéine pour pouvoir circuler librement dans le sang. Or il existe deux types de protéines « wagons » : d'une part, les HDL (protéines de haute densité), qui représentent le « bon » cholestérol – leur rôle est de capter le cholestérol en excès dans le sang et de le conduire au foie pour qu'il y soit éliminé avec la bile. D'autre part, les LDL (protéines de basse densité), qui représentent le « mauvais » cholestérol, l'apportent dans les cellules mais aussi dans les plaques athéromateuses !

Il se trouve que dans le sang, la majorité du cholestérol est composée de LDL. En l'absence de facteurs de risque, un taux de cholestérol LDL est considéré comme normal lorsqu'il est inférieur à 1,6 gramme par litre. Si le patient présente un ou plusieurs facteurs de risque associés, cette valeur limite s'abaisse, elle est de 1,3 gramme par litre. Au-delà, des mesures thérapeutiques doivent être prises.

Voilà pour les taux de référence, sachant qu'on doit aussi mesurer le taux de triglycérides, un autre type de graisses circulantes. Elles proviennent de l'alimentation (surtout sucre et alcool) et de leur synthèse par le foie. Et un taux supérieur à 1,5 gramme par litre peut aussi jouer un rôle dans le développement des maladies cardio-vasculaires.

La seule question qui vaille, donc, c'est : comment diminuer son LDL cholestérol pour éviter les dépôts dans les artères ? Dans un premier temps, le plus simple est de limiter l'apport du cholestérol alimentaire. Ce qu'on mange a un impact direct sur notre cœur. Alors fuyez le beurre, la crème, le fromage de vache, la charcuterie, la pâtisserie (y compris les croissants !), les pizzas, etc. – en bref, tout ce dont on raffole – au profit d'un régime crétois : fruits, légumes frais, viande blanche, poissons et fromage de chèvre. Le tout cuisiné à l'huile d'olive. Un verre (de vin rouge) par jour est même conseillé.

S'agissant de notre assiette, on parle aussi beaucoup des bienfaits des oméga 3, ces acides gras indispensables au fonctionnement du corps humain, mais qu'il ne sait pas fabriquer. Il faut donc les lui apporter sur un plateau, car ils permettent, entre autres, de diminuer la pression artérielle, ainsi que la morbidité cardio-vasculaire. On en trouve dans les poissons gras tels le saumon, le thon, le maquereau, le hareng, la sardine, l'anchois et dans les huiles végétales.

Le vin est-il protecteur ?

Les études épidémiologiques montrent un risque cardio-vasculaire plus faible en France et dans les pays limitrophes du Sud (Italie, Espagne) que ceux observés dans les autres pays occidentaux, à niveau de vie comparable. C'est ce qu'on a appelé le « *french paradox* ». Cette particularité est-elle due ou non à une consommation élevée de vin ? Les composés antioxydants du vin, surtout les polyphénols, pourraient jouer un rôle protecteur. À cet égard, le vin pourrait donc être supérieur aux autres boissons alcoolisées, comme la bière et le whisky, dans la prévention du risque cardio-vasculaire. Cela étant, une consommation excessive est nuisible non seulement pour le foie (cirrhose) mais aussi pour le cœur (insuffisance cardiaque). Ne pas en abuser, donc !

Il n'y a pas que ce qu'on mange. On le sait, une activité physique régulière est aussi conseillée. Elle permet d'augmenter le cholestérol HDL et de diminuer le LDL. Les sportifs réguliers ont ainsi un taux de « bon » cholestérol jusqu'à 30 % plus élevé que les sédentaires. On pense que durant l'exercice physique, l'organisme utilise le cholestérol pour mieux fonctionner et donc consommer le cholestérol circulant, c'est-à-dire essentiellement le LDL, si bien que le pourcentage de bon cholestérol (HDL) dans le sang augmente.

Si malgré un régime crétois et un footing régulier, votre taux de LDL reste trop élevé, si vous avez des antécédents cardio-vasculaires ou d'autres facteurs de risque, il faut évidemment sortir l'artillerie des médicaments !

29.

Une ennemie sournoise, l'hypertension

L'hypertendu ne se sent en général pas malade, pas du tout, même ! « Docteur, je vais très bien, je vis à cent à l'heure ! » Que le médecin lui prescrive un traitement et il aura l'impression de se traîner ! Or si l'hypertension artérielle est une maladie que l'on sait soigner, on ne sait pas la guérir. On comprend pourquoi il est bien difficile, mais nécessaire, d'obtenir l'adhésion du patient. Nombreux sont ceux qui « échappent » aux prescriptions, alors qu'il est indispensable d'avaler ses comprimés tous les jours…

Qu'est-ce que l'hypertension artérielle (HTA) ? C'est la plus fréquente des maladies cardio-vasculaires. On estime qu'un adulte sur trois est touché et son incidence augmente avec l'âge : elle concerne moins de 10 % des 18-34 ans et plus de 65 % des personnes après 65 ans. L'obésité, un mode de vie sédentaire, le stress, le tabac, la consommation excessive d'alcool ou de sel… Autant de facteurs qui peuvent contribuer à sa venue, surtout chez les personnes ayant une tendance héréditaire.

Le plus souvent, l'HTA se tapit en embuscade. Ici et là, pourtant, des symptômes peuvent alerter et conduire vers le seul vrai élément de dépistage : le tensiomètre du médecin ! Un mal de tête qui persiste malgré les antalgiques, des saignements de nez, l'impression de mouches volantes, des acouphènes…

La tension artérielle doit alors être mesurée aux deux bras en position allongée après un quart d'heure de repos, et trois fois à la suite. Deux chiffres la définissent : la systolique (le plus haut), qui correspond à la pression développée par la pulsion cardiaque, au moment où le cœur se contracte, et la diastolique (le plus bas), qui est la pression résiduelle des artères quand le cœur a arrêté de se contracter. On parle d'hypertension quand la systolique dépasse 130 millimètres de mercure et/ou quand la diastolique est supérieure à 90 millimètres de mercure. En résumé, pour parler comme tout le monde, si les chiffres annoncés par le docteur dépassent 13/9 !

La gravité de l'hypertension est surtout liée à ses complications possibles. Comme il s'agit d'une maladie qui touche toutes les artères, elle peut léser tous les organes : le cerveau, les rétines, les reins et, bien entendu, le cœur ! Au muscle cardiaque, elle impose un effort supplémentaire jusqu'à l'épuiser, puisqu'il doit pulser contre une tension très élevée. Elle peut alors favoriser l'infarctus.

Il faut donc la traiter, d'autant que de nombreux médicaments sont aujourd'hui efficaces. Dans les formes modérées, quelques règles hygiéno-diététiques de base peuvent déjà suffire. Commencez par bannir le sel (qui tend à retenir l'eau, donc à augmenter la masse sanguine et la tension dans les artères) ! Il y a plusieurs siècles, l'homme manquait de sel. C'était un bien rare, tellement qu'au Moyen Âge il y avait un impôt sur le sel, la gabelle. Aujourd'hui, on en a trop car nous sommes riches, mais nous mangeons beaucoup trop salé, bien plus que notre organisme n'en a besoin. Évitez les plats cuisinés, les conserves, le pain, les charcuteries, les eaux minérales gazeuses… De façon générale, apprenez à lire les étiquettes : 400 milligrammes (0,4 gramme) de sodium correspondent à 1 gramme de sel (il est recommandé de ne pas dépasser 5 grammes de sel par jour).

Qu'est-ce que le régime DASH ?
(*Dietary Approaches to Stop Hypertension*)

Ce régime a été proposé pour combattre l'hypertension par l'alimentation. Un succès, puisque des études américaines ont constaté une baisse de la pression artérielle en moins de deux semaines. Non seulement elle avait diminué mais le cholestérol total et le « mauvais » cholestérol (LDL) aussi. C'est quoi, DASH ? Légumes, fruits, noix, graines, haricots, viande maigre, volaille, poisson et produits laitiers « nature » et faibles en graisse. Un régime qui ressemble trait pour trait au régime crétois !

Ensuite, bougez tous les jours, ne restez pas assis ! Attention, le sport de compétition fera monter la tension, il n'est donc pas souhaitable. En revanche, l'endurance la fait baisser mais il faut pratiquer au moins trois fois par semaine et au moins vingt minutes d'affilée, si possible jusqu'à transpirer. En effet, les muscles ont une mémoire de poisson rouge et le bénéfice d'un exercice disparaît très vite !

Diminuez la consommation d'alcool. Buvez au maximum deux verres par jour si vous êtes un homme et un verre si vous êtes une femme.

Arrêtez de fumer, nous y reviendrons. Réduisez votre

niveau de stress, qui sécrète des hormones entraînant une vasoconstriction (si vous avez moins d'espace pour le sang, cela fait automatiquement monter la pression). Certains se mettent au yoga… Pourquoi pas ?

30.

Les volutes du tabac

Aujourd'hui, il faut vraiment vivre dans une grotte pour ignorer que le tabac est nocif pour la santé ! Même les paquets de cigarette sont là pour nous informer du risque artériel du tabagisme. En réalité, le tabac peut avoir un effet délétère à tous les niveaux : il participe à la formation des plaques d'athérome, augmente la coagulation du sang, accélère fréquence cardiaque et pression artérielle, peut entraîner des spasmes qui ont pour effet de rétrécir les artères du cœur, qui ont perdu en souplesse… Et, cerise sur le gâteau, il diminue le bon cholestérol (HDL), censé être le détergent des cellules. En clair, le tabac est le cheval de Troie de l'infarctus !

Parmi toutes les substances toxiques de la fumée de cigarette, la palme revient sans aucun doute au monoxyde de carbone (CO), bien connu pour provoquer la mort par asphyxie chez ceux dont les poêles tirent mal. Absorbé en quelques minutes par l'organisme, il agit comme un gaz qui se fixe sur les globules rouges à la place de l'oxygène, ce qui se traduit par une diminution du taux d'oxygène dans le sang, donc par un manque d'oxygénation des tissus et des organes. Pour compenser, l'organisme augmente la fréquence cardiaque et la pression artérielle, ce qui accroît le risque d'accident cardio-vasculaire. Mais ce n'est pas tout : il augmente aussi le nombre de globules rouges, le sang devient donc plus visqueux… Bref ce n'est pas un hasard si beaucoup de cardiologues considèrent le tabac comme leur ennemi public numéro 1 !

Notons au passage que les pneumologues lui confèrent la même toxicité en termes de cancer du poumon et de bronchite chronique… Alors, il faut à l'évidence arrêter de fumer. Facile à dire, car il s'agit d'une réelle addiction ! Mais le jeu en vaut la chandelle, car dès l'arrêt du tabac le risque de développer une maladie cardio-vasculaire diminue. Dans l'année qui suit le sevrage, il est même divisé par deux et après quinze ans, le risque qu'un ancien fumeur fasse un AVC ou un infarctus est le même que pour une personne n'ayant jamais touché une cigarette. Alors ne perdez pas espoir !

31.

Diable de diabète

Un autre facteur de risque, très répandu, de la maladie des artères ? Le diabète ! Cette maladie chronique est caractérisée par un excès de sucre dans le sang, appelé hyperglycémie. Il est avéré si le taux de glycémie à jeun est égal ou supérieur à 1,26 gramme par litre, lors de deux prises de sang successives (le chiffre normal est facile à retenir : c'est 1 gramme par litre).

Favorisé par une prédisposition génétique, le diabète de type 1 survient chez les personnes jeunes et se traite par l'insuline, puisque le pancréas n'en sécrète pas – le rôle de l'insuline étant de faire rentrer le glucose dans les cellules afin de leur fournir de l'énergie et ainsi rééquilibrer la glycémie. On le nomme aussi le diabète maigre car ces jeunes malades sont souvent squelettiques. Bien différent est le diabète gras ou diabète de type 2, essentiellement lié au mode de vie : surpoids, sédentarité, hypertension artérielle, autant de signes qui finissent par épuiser les cellules productrices d'insuline dans le pancréas. De très loin le plus fréquent, il est aussi dangereux pour le cœur.

Là encore, comme l'hypertension, il s'agit d'une maladie sournoise et indolore : on estime qu'il s'écoule en moyenne cinq à dix ans entre l'apparition des premières hyperglycémies et le diagnostic ! Dans ce diabète de type 2, deux anomalies sont responsables de l'hyperglycémie : soit le pancréas fabrique toujours de l'insuline mais pas suffisamment, soit cette insuline agit mal, ne parvient plus à réguler la glycémie et cette résistance épuise progressivement le pancréas. Ces deux mécanismes font que le glucose ne pénètre pas dans les cellules du corps et reste dans la circulation sanguine. Un excès permanent de sucre qui perturbe le fonctionnement chimique de la paroi des artères, les grignote et favorise la formation des plaques d'athérome…

Avoir de la brioche : attention danger !

Rien n'est plus difficile que de perdre sa bedaine après 50 ans. C'est pourtant nécessaire, car non seulement ce n'est pas très sexy mais c'est aussi un marqueur indiscutable de risque cardiaque. Soyons clairs : il s'agit là de la conséquence d'une alimentation trop riche et de la sédentarité (ou d'une pratique du sport sur canapé en buvant des bières). Or cette graisse abdominale induit une résistance à l'insuline et donc à terme un diabète de type 2. On note également une tendance à l'hypertension et à l'augmentation du cholestérol, association détonante. Comment savoir si notre bedaine est devenue dangereuse ? C'est simple, avec un mètre de couturière, on mesure son périmètre abdominal : il ne doit pas dépasser 102 centimètres chez l'homme et 88 centimètres chez la femme. Quand vous l'aurez fait, et que vous constaterez que vous êtes au-dessus, ne pleurez pas et allez plutôt vous acheter une paire de baskets !

Finalement, comme le disait l'un de mes patrons au jeune externe que j'étais, alors que je voulais lui présenter le cas d'un patient en commençant par ces mots maladroits :

« Il s'agit d'un petit diabète…

– Apprenez, jeune homme, qu'il n'y a pas de PETITS diabètes ! »

32.

Tout sauf immobile !

Passer ses journées assis devant un écran d'ordinateur ou ses soirées à enquiller des séries ? Vous ne le savez peut-être pas, mais des études récentes font apparaître ce mode de vie très contemporain comme un facteur de risque pour le cœur aussi grave que le tabac ou le cholestérol…

Le cœur est un muscle. Et comme tous les muscles, on comprend bien que s'il n'est pas sollicité, il perd de la force et se contracte de manière moins intense, moins efficace. Ainsi le corps ne brûle-t-il plus le surplus de calories et les muscles périphériques ne travaillent pas normalement. La vascularisation des organes est donc moins bonne. De ce fait, le taux de cholestérol augmente, on a tendance à développer une hypertension artérielle, à prendre du poids, parfois, on peut même commencer à voir apparaître un prédiabète… Que de conséquences en cascade !

Et l'on peut légitimement s'inquiéter, aujourd'hui, pour nos plus jeunes : nos enfants regardent trop leurs écrans en sirotant des sodas alors qu'ils devraient au moins bouger une heure par jour. En 1971, un enfant mettait en moyenne 3 minutes pour courir 600 mètres, il lui en faut 4, désormais. Il est à craindre que nos sociétés fabriquent des générations de diabétiques obèses, sous la menace de gros risques cardio-vasculaires…

La solution ? Bouger ! Marcher, nager, trottiner… L'essentiel est que cette activité soit effectuée en respirant, qu'elle dure au moins vingt minutes à chaque séance et qu'elle se répète au moins trois ou quatre fois par semaine.

33.

Plutôt fuir (ou cogner) que stresser

En doutiez-vous encore ? Le stress est très mauvais pour nos artères.

Depuis les origines, le stress fait partie intégrante de la vie d'*Homo sapiens*. En réaction à un danger ou à une angoisse immédiate, que fait le cerveau ? Il demande aux glandes surrénales de sécréter de l'adrénaline et de la noradrénaline, deux hormones qui vont lui sauver la vie : en accélérant son rythme cardiaque et en faisant monter la pression artérielle, elles permettent un effort violent comme prendre ses jambes à son cou face à un félin !

Le stress de l'homme (ou de la femme) moderne est tout aussi intense, mais la plupart du temps, il n'est pas suivi par un effort. Les hormones s'accumulent alors sur les récepteurs du cœur sans être « consommées » par l'activité physique, ce qui va favoriser, à terme, l'installation d'une hypertension artérielle chronique. L'adrénaline soumet ainsi le cœur à un surrégime permanent. Le stress est en cela un accélérateur de risque. Si je me fais engueuler par mon patron, ma réaction sera rarement de lui ficher mon poing dans la figure ou de m'enfuir en courant, ce qui pourtant serait salvateur pour mes artères !

Un bon exemple de l'impact négatif du stress est la

hausse considérable de mortalité subite qui survient souvent après un événement tragique : dans les semaines qui suivent un tremblement de terre, par exemple, les statistiques montrent que le nombre de personnes décédées subitement double comparativement aux autres années.

Acheter une boule anti-stress revient donc à protéger notre cœur…

34.

L'apnée du sommeil

Des arrêts répétés et incontrôlés de la respiration pendant le sommeil, suivis de micro-réveils intermittents, tel est le syndrome d'apnée du sommeil (SAS)... conséquence de la fermeture répétée, pendant plus de 10 secondes, du conduit aérien du pharynx, et ce, plus de cinq fois par heure de sommeil. Ces occlusions sont le fait d'un relâchement des muscles de la gorge et de la langue, qui bloquent le passage de l'air et empêchent la respiration. Évidemment, la première conséquence est un sommeil de mauvaise qualité, responsable d'une grande fatigue et de somnolences pendant la journée. Mais il y a bien plus grave : à chaque épisode, le taux d'oxygène dans le sang chute. Et la succession de ces épisodes finit inévitablement par provoquer l'installation progressive de complications cardio-vasculaires, d'abord une hypertension artérielle, qui ne se manifeste au départ que la nuit, au cours de phases de tachycardie. Quand elle devient permanente, cette hypertension est difficile à traiter et peut résister aux médicaments habituels. La chute de l'oxygène sanguin favorise aussi le spasme des artères, ce qui peut entraîner des ruptures de plaques d'athérome et l'infarctus. (Un patient souffrant du syndrome d'apnée du sommeil a cinq fois plus de risques de développer une maladie coronaire.) Les modifications de rythme à répétition peuvent faciliter la survenue d'une fibrillation des oreillettes avec une arythmie. Les efforts pour retrouver sa respiration augmentent la pression dans le thorax et fatiguent le cœur, qui a tendance à se dilater. Le risque de faire une apnée du sommeil augmente avec l'âge. Il est de 30 % chez l'homme de plus de 65 ans et est favorisé par l'obésité, le diabète, le tabac, l'alcool, en étant fréquent chez les ronfleurs.

Comment lutter contre l'apnée du sommeil ? Il n'y a pas trente-six chemins. Il faut perdre du poids en cas d'obésité, faire une activité physique régulière, arrêter le tabac, réduire l'alcool, surtout le soir, ne pas dormir sur le dos mais sur le côté. Mais sa suspicion (remarque du conjoint, fatigabilité diurne anormale) impose un enregistrement pendant le sommeil, fait par un médecin spécialisé (polysomnographie) qui mesure le nombre d'apnées par heure de sommeil : supérieur à 30 le SAS est considéré comme sévère et le patient doit être appareillé. Il s'agit en l'occurrence d'un appareil qui, porté pendant la nuit, envoie l'air dans les voies respiratoires avec une légère surpression. Pas très sexy mais très efficace !

35.

Quand le cœur souffle

« Nous savons tous que le monde souffre, mais moi, je t'affirme aussi que le monde souffle ! » Une fois de plus, j'écoute avec émotion l'éloquence d'Alain Deloche, le président fondateur de La Chaîne de l'espoir, et sa vie d'aventures. Nous avons cheminé plus de cinquante ans ensemble. Plus qu'un collègue, c'est mon frère. Alain a passé sa vie à parcourir la planète au chevet des enfants cardiaques : « Tu n'entends pas les cœurs de ces enfants qui soufflent, de par le monde, dans un silence assourdissant ? La maladie rhumatismale est sous-estimée dans bien des pays. Imagine, rien qu'au Cambodge, on trouve 2 à 3 % d'atteintes cardiaques rhumatismales à l'échographie chez les enfants scolarisés. Et tous les enfants sont loin d'aller à l'école ! »

Cette terrible maladie, qui grignote les valves du cœur et n'a disparu de nos pays industrialisés que depuis les années 1980, est liée à des angines non traitées par les antibiotiques ou bien à la scarlatine. Si en France, elle est rare aujourd'hui, en Afrique, en Asie et en Amérique latine, c'est une autre histoire. Le rhumatisme articulaire aigu (RAA) est toujours une cause majeure de mortalité chez les moins de 50 ans et il touche des millions de jeunes. C'est en fait une complication inflammatoire d'une angine à streptocoque. De façon invraisemblable, la réponse immunitaire se porte non seulement contre le microbe mais aussi contre les valves du cœur. Pourquoi ? Parce que certains antigènes du streptocoque ressemblent furieusement aux antigènes des tissus du cœur et des synoviales des grosses articulations. Les lymphocytes T, quand ils sont activés, vont donc s'attaquer aux streptocoques mais aussi aux tissus cardiaques et articulaires. Une « erreur » catastrophique…

Les valves du cœur sont alors entamées par les propres lymphocytes du patient. Le résultat : soit une fuite, soit un rétrécissement gênant l'écoulement du sang. Et cela touche le plus souvent des enfants, avec la mort au bout.

On a vu le caractère absolument crucial des portes battantes de notre cœur, les valves. Si elles sont endommagées, c'est le début des ennuis ! Or au-delà de la maladie rhumatismale, les problèmes de valves sont aujourd'hui très courants dans nos pays industrialisés. Avec l'âge, nos valves peuvent s'user. Elles peuvent aussi être atteintes d'autres pathologies. Pour n'en citer que trois, parmi les plus fréquentes :

– l'insuffisance mitrale dégénérative : quand, au fil des années, la valve mitrale devient plus fine, l'anneau a tendance à s'élargir et les cordages qui la soutiennent sont plus fragiles. Que l'un vienne à casser, sous l'effet de la pression, et le barrage se met à fuir. Alerte en la demeure !

– le rétrécissement aortique calcifié, la grande vedette des papy-boomers, à l'heure actuelle. Survenant surtout après 70 ans, cette dégénérescence de la valve aortique, due à une accumulation de dépôts calcaires, s'oppose au passage du flux sanguin. Or cette valve, située à la sortie du ventricule gauche, à l'origine de l'aorte, s'ouvre et se referme à chaque battement du cœur... D'où la nécessité d'agir avant qu'elle ne se bouche complètement. Souvent, un essoufflement à l'effort survient, dénotant la stagnation du sang dans les poumons, ainsi que des douleurs thoraciques (le sang arrive mal jusqu'aux coronaires) ou des épisodes de syncopes (le sang n'arrive pas correctement au cerveau) ;

– l'endocardite, quand une valve s'infecte. Les valves du cœur n'étant pas vascularisées, elles se défendent mal contre les infections. Si un microbe attaque l'une d'elles, c'est la catastrophe car les antibiotiques, comme les globules blancs, n'atteignent qu'avec difficulté la zone infectée. Une fièvre persistante et un germe détecté dans le sang peuvent être des signes... Sachez que la porte d'entrée de ces germes est souvent dentaire, alors brossez-vous bien les dents !

Longtemps, le diagnostic de ces maladies des valves a reposé sur la seule auscultation au stéthoscope. Étudiant, j'étais fasciné par la finesse d'écoute de mes aînés, capables d'entendre des bruits que je ne soupçonnais pas ! Puis sont arrivées les échographies cardiaques. Et la chirurgie cardiaque, qui a transformé le pronostic de toutes ces cardiopathies des valves, en permettant de les réparer ou de les remplacer.

Dans le domaine, Albert Starr est devenu un véritable mythe. En 1958, ce chirurgien cardiaque à Portland, dans l'Oregon, est approché par un ingénieur en hydraulique qui rêve de soulager les patients cardiaques, étant lui-même atteint de rhumatisme articulaire. Ensemble, ils se mettent à travailler sur un projet de valve artificielle mécanique. Plutôt que de tenter de copier la nature, ils choisissent de s'inspirer d'un bouchon de bouteille de vin qu'on utilise quand la bouteille a été ouverte et qui se compose d'une cage et d'une bille (ce genre de bouchon n'existe pas en France, où chacun sait qu'une bouteille ouverte peut être rebouchée par son bouchon de liège !). Leur modèle final : une armature métallique dotée d'une bille de caoutchouc. Succès mondial.

Sauf que cette valve présente plusieurs inconvénients dont celui d'être bruyante, si bien que d'autres modèles seront inventés dans les années 1970. Avec le risque, toujours, de provoquer la formation de caillots de sang au contact des surfaces artificielles.

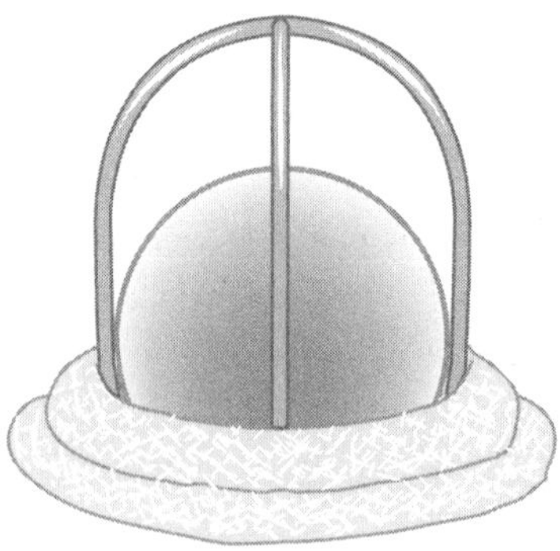

La première valve mécanique : valve à bille de Starr

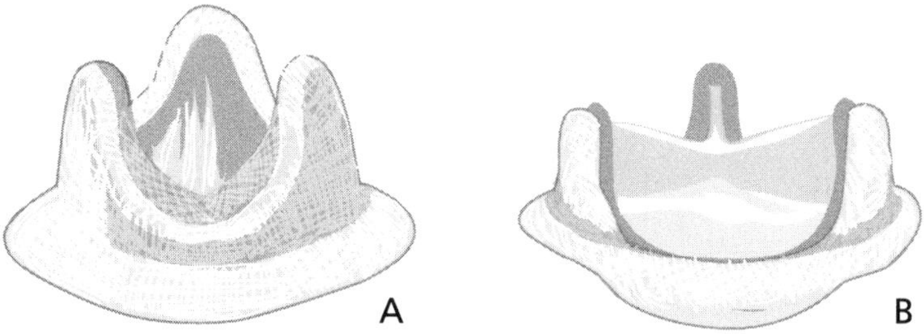

Valves biologiques de Carpentier
A : valve de porc ; B : valve en péricarde de veau

Utiliser des greffes humaines pour remplacer les valves malades ? Des chirurgiens anglo-saxons y avaient bien pensé mais cela s'avérait difficile, à l'époque, pour des raisons légales. Alain Carpentier, encore interne, s'est alors tourné vers l'utilisation de greffes d'origine porcine, puis bovine. Ces valves biologiques, ou bioprothèses, ont connu un succès considérable car elles ont permis d'éviter les traitements anticoagulants. Et aujourd'hui, on jongle sans difficulté avec toute cette batterie, artificielle et biologique. Dans le même temps, Carpentier propose toute une stratégie pour réparer les valves mitrales sans les remplacer, ce qui est devenu le traitement de choix de cette pathologie.

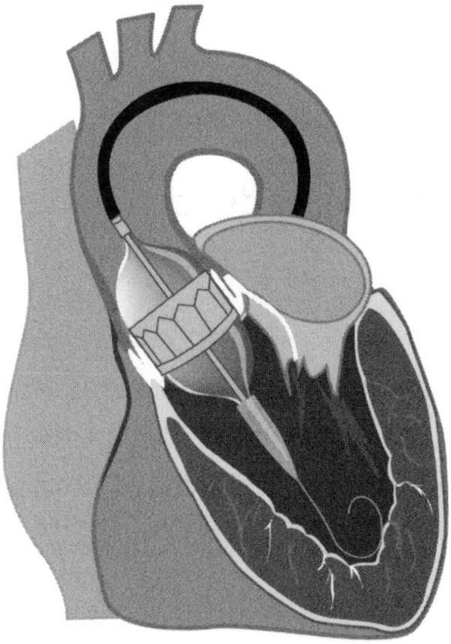

La technique du TAVI
La valve biologique (autrement dit prothèse) est montée dans l'aorte par l'artère fémorale. Arrivée au niveau de la valve aortique rétrécie, la valve biologique est ancrée en force sur la valve rétrécie grâce à un ballonnet.

36.

L'insuffisance du cœur avec l'âge

Toute cette formidable mécanique peut s'emballer, s'enrayer, s'encrasser. Elle peut aussi simplement s'user, avec l'âge, l'une des grandes causes de l'insuffisance cardiaque (qui est aussi l'évolution ultime de toutes les maladies du cœur). Le cœur perd une partie de sa force musculaire, il ne pompe plus suffisamment de sang pour permettre aux organes de recevoir assez d'oxygène et d'éléments nutritifs. Aujourd'hui, plus de 500 000 personnes sont touchées, en France. Et l'on redoute une véritable épidémie au cours des prochaines décennies.

Comment se manifeste l'insuffisance cardiaque ? Pour compenser sa faiblesse, notre muscle travaille plus, donc trop ! Il augmente sa fréquence et devient tachycarde, y compris au repos ; il grossit, ses parois s'épaississent pour tenter de retrouver de la force de contraction ou se dilatent, ce qui permet de pulser plus de sang.

Or lorsqu'un ventricule peine à se contracter, le sang situé en amont est contraint de « stagner », ce qui fait passer une partie du plasma (le liquide dans lequel baignent les cellules sanguines) hors des vaisseaux sanguins, dans les tissus autour. Fuite qui engendre une congestion dans les poumons, les jambes ou les organes digestifs.

Dans les poumons : on tousse et on s'essouffle. Dans les jambes : on gonfle (les fameux œdèmes !).

Et puis on fatigue, vite, en marchant ou en montant les escaliers, à cause du manque d'apport d'oxygène et de nutriments dans les muscles. De ce fait, on a moins d'activité, les muscles fondent, le cercle est vicieux.

Les signes de l'insuffisance cardiaque peuvent, chez les personnes très âgées, se combiner à une perte d'appétit, une prise de poids, une fatigue imposant l'alitement, une confusion mentale, de la désorientation… L'aggravation de ces signes, ou seulement de l'un d'entre eux, signe la décompensation cardiaque et justifie une hospitalisation.

Bref, un bilan cardiaque est nécessaire : une simple radio thoracique renseignera sur la taille du cœur. L'électrocardiogramme peut montrer des anomalies liées à l'insuffisance cardiaque et à la maladie en cause, des séquelles d'infarctus, par exemple. Une épreuve d'effort peut être demandée chez le jeune pour dépister une maladie des coronaires. Mais l'examen essentiel, c'est l'échodoppler cardiaque : il permet de mesurer la taille des cavités cardiaques et l'épaisseur du muscle, et renseigne sur la capacité de remplissage et de contraction du cœur.

La première cause de l'insuffisance, dans nos pays, ce sont les dégâts opérés par un infarctus sur le muscle cardiaque. Mais n'oublions pas une autre grande cause, fréquente et moins spectaculaire : l'hypertension artérielle, qui use le muscle. L'insuffisance cardiaque peut aussi être provoquée par l'atteinte des valves du cœur, une cardiopathie congénitale, une infection du muscle cardiaque (myocardite virale) ou bien des troubles du rythme. En résumé, toutes les maladies que nous venons d'évoquer finissent peu ou prou en insuffisance cardiaque !

Au cours des précédentes décennies, le traitement a connu des améliorations spectaculaires. Pour autant, l'insuffisance cardiaque est grave et on ne peut pas la guérir. Pendant longtemps, on ne pouvait agir qu'en diminuant la masse sanguine que le cœur avait à pomper pour le soulager de son travail. Pour ce faire, on utilisait le régime sans sel, la restriction hydrique et les diurétiques.

Cependant, en modifiant ses habitudes de vie, et avec les traitements disponibles, il est possible de vivre correctement. L'hygiène de vie est avant tout destinée à soulager le travail du cœur et à prévenir certaines complications : cela inclut l'arrêt du tabac et de l'alcool, la perte de poids, un régime pauvre en sel, la limitation de l'apport liquide, une activité physique régulière sous contrôle médical, la vaccination antigrippale.

Des médicaments peuvent ensuite être prescrits par le cardiologue : il y a ceux qui inhibent la formation ou l'action de l'angiotensine II (qui participe au contrôle du volume et de la pression du sang), ceux qui permettent la régulation du tonus vasculaire, ceux qui renforcent et soutiennent le travail du cœur (bêtabloquants...), ceux qui préviennent la rétention d'eau (diurétiques classiques), ceux qui diminuent le volume total du sang...

Parfois, il faut poser un stimulateur cardiaque pour resynchroniser les contractions (par exemple, lors de troubles du rythme résistant au traitement médicamenteux). Enfin, dans les cas les plus graves, la transplantation cardiaque devient nécessaire. C'est le traitement radical de l'insuffisance cardiaque. Mais cette greffe est réservée aux patients âgés de moins de 65 ans. Pour les autres, le seul espoir est le cœur artificiel.

37.

Marathon cardiaque

Elle était là, devant mon bureau, blonde et toute frêle dans sa petite robe aux motifs imprimés. L'angoisse lui marbrait le visage. Elle n'avait pas 22 ans.

Deux ans auparavant, elle devait partir en vacances avec son copain dans un club de plongée. Visite médicale obligatoire, une formalité. Carole allait bien : l'amour, les études de lettres à la Sorbonne, la vie, quoi ! À la fin des examens, pourtant, le médecin semblait perplexe :

« Vous n'êtes pas gênée quand vous faites un effort ?

– Pas du tout, docteur.

– Vous faites du sport ?

– Pas vraiment mais quand j'étais au lycée, je n'avais aucun problème. »

Silence prolongé.

« Quelque chose ne va pas, docteur ?

– Disons que vous avez un cœur un peu gros pour votre âge et votre électrocardiogramme n'est pas tout à fait normal. Je vais vous adresser à un cardiologue. »

Le diagnostic l'avait sidérée : cardiomyopathie dilatée idiopathique[1] ! Ces mots ne voulaient rien dire pour elle

1. Une cardiomyopathie dilatée (CMD) est une maladie du muscle

mais il n'était plus question de plongée sous-marine. À la place, une hospitalisation pour un bilan plus poussé.

Elle avait pressé de questions le cardiologue, qui avait bien dû lui avouer que la seule issue, le moment venu, serait de lui faire une greffe de cœur…

« Une greffe ! Mais ce n'est pas possible !

– On n'y est pas encore. Pour le moment, le traitement médical suffit. Mais si un jour vous alliez plus mal, c'est le seul traitement définitif de votre maladie… »

Elle s'était levée et avait claqué la porte.

Deux ans plus tard, le cardiologue de Carole m'appelle :

« Son cœur a beaucoup grossi. Elle est au stade III[1]. Il faut la mettre sur liste. » La liste d'attente nationale[2] d'une greffe cardiaque.

« Allons-y, professeur », me dit-elle.

Carole a bien changé depuis ses premières consultations. Elle est passée par l'abattement qui cherche à tout oublier, la révolte contre ces satanés médecins, l'agitation fiévreuse qui lui a fait consulter Internet et une foule de spécialistes… Et puis le moindre effort est devenu une torture. Elle ne peut plus continuer comme ça, elle le sait.

Nous allons embarquer sur un drôle de bateau, elle et moi. Je sais, d'expérience, la violence des tempêtes à venir.

Quelques jours plus tard, le SAMU m'appelle. Carole s'est évanouie dans la rue. Elle est en réanimation et son

---

cardiaque qui se dilate progressivement, traduisant la faiblesse de sa force de contraction.

1. Le stade III de la classification NYHA (New York Heart Association) signifie que le patient est gêné pour des efforts modérés. Le dernier stade est le stade IV où le patient devient gêné au repos.

2. Registre tenu par l'Agence de biomédecine.

état est critique. En urgence, il nous faut mettre son cœur sous assistance circulatoire, la placer aussi sous rein artificiel. On lui pose donc un cœur artificiel en métal, actionné par un courant électrique. Carole va donc vivre quelque temps avec des ventricules sur son ventre, branchée à une machine aussi imposante qu'un frigo, en attendant la transplantation, donc le donneur tombé du ciel...

Heureusement, avec Alain Carpentier, nous avions vécu la naissance de ces cœurs artificiels, suivi les progrès des différentes machines et participé à l'implantation des premiers appareils. Aventure extraordinaire qui avait permis, au prix de bien des soucis, d'assurer la survie de nos patients.

Un mois se passe. Très long. Carole est toujours en réanimation.

Un soir, le coup de téléphone tant espéré arrive. De Marseille. Un donneur O positif. Pas trop de différence poids et taille, la greffe est possible !

La veille, Bruno, 25 ans, allait rejoindre sa copine sur le Vieux-Port. Il était dix-huit heures. Pourquoi la Golf devant s'est-elle brutalement déportée sur l'autoroute pour changer de file ? Pourquoi Bruno, si vif habituellement, n'a-t-il pas réagi à temps ? Sa moto s'est encastrée sur la glissière de sécurité à 150 kilomètres/heure.

À la Timone, on lui a d'abord trouvé une hémorragie intra-abdominale due à une rupture de rate. Puis au scanner, la catastrophe. Ses pupilles sans réaction témoignaient d'une contusion cérébrale avec œdème majeur. À l'électroencéphalogramme : tracé plat. En réanimation, apparemment calme, ventilé, il semblait vivre mais son cerveau était déjà mort.

Le lendemain matin, l'équipe de réanimation de la

Timone a informé la mère de Bruno du décès de son fils. Là s'est arrêtée sa fonction. Ou plutôt non, car son rôle consiste à maintenir les organes en vie artificielle, en attendant une éventuelle transplantation. Ce n'est pas chose facile, car le cerveau a un rôle dans le maintien de la vie, même végétative. Sa destruction peut entraîner la perte des organes.

Peu après, Véronique, la coordinatrice de greffe du grand hôpital marseillais, est allée à la rencontre de la mère de Bruno. Elle connaît les mots à dire et ceux à éviter. Selon la loi, toute personne majeure en état de mort encéphalique n'étant pas inscrite sur le Registre national des refus est reconnue comme donneur potentiel. Mais la pratique exige que le médecin s'efforce de recueillir le témoignage de sa volonté auprès de la famille.

Dans l'attente, afin de déceler toute éventuelle contre-indication à la greffe, des examens ont été effectués sur Bruno. Ses différents organes, son cœur, son foie… tout a été passé au crible. Ces données ont été croisées avec le registre Cristal qui répertorie la liste des personnes en attente de greffon. La sélection s'y fait selon des règles précises : entrent en jeu le degré d'urgence, la proximité, le rapport poids-taille entre le donneur et le receveur potentiel… Une fois que les patients pouvant bénéficier du greffon ont été identifiés, on les classe par ordre de priorité. Commence alors la tournée téléphonique par le numéro 1. S'il n'est pas joignable, si l'équipe de transplantation est déjà occupée par une autre urgence ou si ses structures sont pleines, on passe au numéro 2.

C'est ainsi que le soir même le téléphone rouge de la réanimation de l'hôpital Pompidou a retenti.

C'est parti.

La transplantation, c'est l'urgence des urgences, dans un service de chirurgie cardiaque.

Dans la chambre, on commence à préparer Carole, à la prémédiquer, la briquer avec des solutés iodés tandis que de son côté, une équipe de chirurgiens file vers l'aéroport, direction Marseille. L'avion part du Bourget à 20 h 30. Une heure pour arriver à Marignane, au moins une demi-heure de plus pour se rendre à la Timone. La transplantation à Paris n'aura lieu que vers trois ou quatre heures du matin.

Téléphone vissé à l'oreille, Marie, la panseuse du bloc, devient le chef d'orchestre de tout ce ballet. C'est elle qui déclenchera la venue de Carole au bloc quand elle jugera le délai raisonnable. Et elle devra calculer au plus juste, car chaque minute compte. C'est le moment du prélèvement à Marseille qui fera démarrer le compte à rebours.

De la rapidité du transport dépend la qualité du greffon. Pour un cœur, l'idéal est de ne pas dépasser quatre heures[1]. Bien sûr, les équipes de greffe utilisent des ambulances escortées par la police ou encore des jets, mais les impondérables sont toujours possibles : on a vu des chirurgiens trouver la mort dans un crash d'avion en partant récupérer un organe...

Suzanne et Olivier sont partis à deux à Marseille. Une chef de clinique de chirurgie et un perfusionniste. À leur arrivée au bloc de la Timone, les opérations ont déjà

1. Temps de conservation du greffon prélevé : 6 à 8 heures pour les poumons, 4 à 6 heures pour le cœur, 9 à 12 heures pour le foie, 24 à 48 heures pour le rein.

commencé. Le foie a été disséqué, le cœur est encore en place. Tout est prêt.

Quand on arrêtera les battements du cœur, les organes du donneur seront privés de sang et la course contre la montre commencera. La course pour transplanter les organes dans le meilleur état possible.

Cette nuit-là, tout se déroule sans anicroche. Pas de bagarres entre les différentes équipes de prélèvement. Le cœur est de loin l'organe le plus facile à extraire. Clampage de l'aorte à 23 h 30. Arrêt complet du cœur. Suzanne donne un coup de bistouri franc pour ouvrir les cavités qui se sont gonflées de sang, du fait du clampage de l'aorte. Un liquide rouge clair s'en échappe brutalement. Dans la salle, les aspirateurs sifflent, vident le péricarde. D'une main sûre, Suzanne coupe les deux veines caves le plus loin possible des oreillettes pour conserver le maximum de tissu (très surveillée par le préleveur de foie, qui veut lui aussi en garder le plus possible), puis l'aorte, l'artère pulmonaire. Elle coupe ensuite les veines pulmonaires droites, libère les adhérences de l'oreillette gauche, sectionne les veines pulmonaires gauches.

Le cœur est dans le sac.

Dehors, les motards sont là pour ramener tout le monde à l'aéroport. Message à Marie, à Paris : « Clampage 23 h 30. Bon cœur. Pas de drogue. Tout va bien pour le moment. On rentre. »

À Pompidou, Carole a été poussée au bloc opératoire. Poussée, le mot est faible. Déplacer un malade sous cœur artificiel n'est pas une mince affaire. Carole est reliée à une foule de machines qui doivent se déplacer en même temps qu'elle : le scope, la console du cœur artificiel, une palanquée de seringues autopousseuses. Il faut tout faire passer sur la table sans tirer sur les fils, les cathéters ou les différents tuyaux, sous peine d'accident irréversible.

Marie-Hélène, l'anesthésiste, murmure à Carole : « Je vais vous endormir maintenant... »

Je passe ma blouse, enfile mes gants. Mes lunettes grossissantes sur le nez, mon casque avec la lumière frontale pour couronne, je m'approche :

« Où en est l'avion ?

– Ils sont annoncés au Bourget dans une demi-heure », me répond Marie.

Rapide calcul dans ma tête. J'ai une heure. Une heure pour ouvrir la poitrine de Carole et installer une circulation extracorporelle qui prendra le relais quand on arrêtera le cœur artificiel. Mais surtout, ne rien faire de définitif tant que le cœur ne sera pas là, sur la table d'opération, prêt à être suturé. L'accident est encore possible.

Une heure plus tard, Suzanne fait son apparition. À son bras, la boîte réfrigérée dans laquelle baigne « son » cœur. Je plonge ma main gantée pour l'empoigner à deux mains. On a tous fait ce cauchemar du cœur qui glisse et se retrouve par terre... inutilisable. Délicatement, je le pose sur les champs opératoires.

« Pince de Resano, ciseaux de Metzenbaum. »

Le moment est venu de procéder à l'ablation du cœur malade. La circulation extracorporelle est mise en route. Le cœur artificiel est arrêté. Le cœur natif de Carole, séparé de ses vaisseaux intrathoraciques. Les veines caves sont sectionnées au ras de l'oreillette droite. Seul le fond de l'oreillette gauche est laissé en place.

Un trou profond, béant me fait face. La poitrine de Carole est maintenant vide. Moment toujours vertigineux, comme au bord de l'abîme.

La trotteuse égrène les minutes. Plus vite on pourra déclamper, c'est-à-dire nourrir de nouveau le cœur avec le sang de Carole, meilleures seront ses chances de se contracter.

Suzanne me regarde, elle a compris la manœuvre. En moins de dix minutes, l'aorte est suturée.

« Passez-moi les pelles ! »

L'instrumentiste me tend les palettes du défibrillateur.

« Gonflez bien le cœur, reprenez la ventilation. »

Je vois Marie-Hélène s'agiter pour rebrancher Carole dont la ventilation a été interrompue pendant la circulation extracorporelle. Les poumons se gonflent sous la poussée de la machine pendant que les cavités cardiaques, flasques, retrouvent leur caractère joufflu.

« Feu à 30 ! »

La décharge électrique secoue violemment le cœur de Carole. Tout le bloc retient son souffle.

Le cœur s'arrête de fibriller.

Puis après quelques secondes qui nous semblent une vie, survient une première contraction. Une deuxième. Une troisième… Suzanne en profite pour passer les électrodes que Marie-Hélène raccorde à la pile du pace-maker. Le cœur bat, c'est déjà bien, entraîné par la pile. Encore faut-il maintenant qu'il pompe.

Inquiets, nous guettons le tracé de la ligne de pression sur le moniteur. Tout tient à cette petite courbe qui, pour le moment, reste plate comme une limande. Un frisson glacé parcourt le bloc, immobile. Et tout à coup… un petit tressautement sur la courbe. Comme un ridicule petit hoquet. Je ne montre rien, mais dans mon for intérieur, mes pensées font des boucles : *Vas-y mon bonhomme, courage…*

Semblant suivre les ondes de mon cerveau, le petit cœur m'obéit.

Il s'est passé dix ans depuis ce moment.

Aujourd'hui, Carole est toujours vivante. Elle est enceinte. Dans le petit village de Normandie où ses parents ont toujours leur ferme, elle est devenue une vedette.

Quelques années après son opération, elle était revenue me voir pour envisager ce que l'on pourrait faire sur ses cicatrices. Elle voulait se marier et effacer ses stigmates de cette terrible aventure :

« C'est possible, professeur ?

– Mais oui. La seule chose qui ne l'est pas, Carole, c'est d'interrompre vos médicaments contre le rejet. »

38.

Le cœur artificiel

Quand le cœur est trop malade pour pouvoir continuer sa course, on peut le changer (idée, en soi, déjà incroyable !). Aujourd'hui, la meilleure solution, c'est la transplantation cardiaque. En France, on en fait environ 450 par an, un chiffre qui n'a pas bougé depuis des années, limité par les capacités de dons. Mais après 65 ans, on ne transplante plus. Que proposer, alors, aux personnes de 70 ans ayant un cœur malade ?

L'idée du cœur artificiel ne date pas d'hier. On se souvient qu'Alexis Carrel l'avait eue dans les années 1920, mais il en était loin. La première fois qu'un organe artificiel est utilisé chez l'homme, c'est en 1945. Willem Kolff, un médecin néerlandais hanté par son impuissance devant le décès par insuffisance rénale aiguë d'un jeune patient de 22 ans, se met en tête de fabriquer un rein artificiel. Sauf qu'en temps de guerre, les matériaux manquent. En bon bricoleur, Kolff se met à la recherche d'un échangeur thermique (le radiateur d'une vieille Ford !), désosse un Messerschmitt qui s'est écrasé dans un champ, en récupère des pièces métalliques, arrache la cellophane qui sert à envelopper les saucisses… et invente

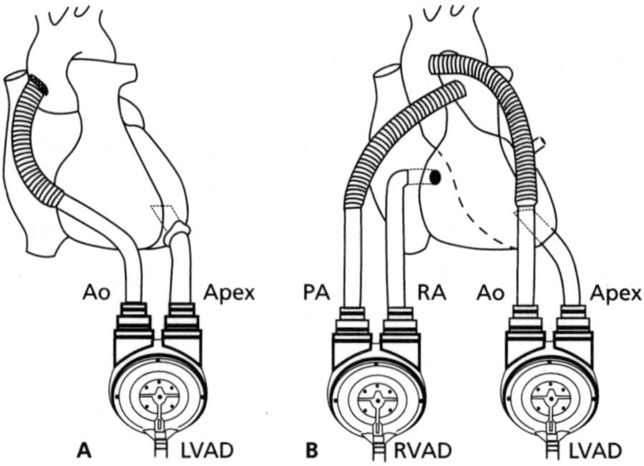

Cœur artificiel d'assistance temporaire
Les ventricules artificiels restent sur le ventre du malade et des canules traversent la peau pour être reliées aux ventricules et aux gros vaisseaux du thorax.
A : entre le ventricule gauche et l'aorte. B : biventriculaire, on ajoute un ventricule entre le ventricule droit et l'artère pulmonaire.

le premier rein artificiel ! Il faut attendre août 1945 pour qu'une malade le supporte et lui doive la vie.

Comme souvent, l'avenir se joue de l'autre côté de l'Atlantique. En 1950, Willem Kolff s'envole vers le Nouveau Monde, à la Cleveland Clinic, dans l'Ohio, où un autre sujet passionne les chirurgiens cardiaques : la circulation extracorporelle. Kolff y fait une rencontre déterminante avec un Japonais, Tetsuzo Akutsu, qui arrive de Tokyo pour devenir son adjoint et lui parle de fabriquer… un cœur artificiel.

Un cœur artificiel ? Oui, un cœur qui se composerait de deux cavités ventriculaires qu'on coudrait sur les oreillettes d'un assez gros animal, un chien par exemple. Le pari semble possible. En décembre 1957, un chien survit quatre-vingt-dix minutes avec un cœur en PVC à air comprimé. Le cœur artificiel est né !

Formidable, mais pour quoi faire ? Il n'est pas raisonnable d'envisager de remplacer un cœur défaillant par ce premier ersatz. Chez le cœur, contrairement au rein, une défaillance technique, même temporaire, et c'est la mort immédiate ! Il faudra attendre 1982 pour qu'un cœur artificiel totalement implantable soit posé chez l'homme. Avec le risque, majeur, de la coagulation. Car quand, dans une prothèse, le sang est agité, cela active des éléments qui vont produire des caillots. D'où la nécessité de fortes doses anticoagulantes, comportant en elles-mêmes un risque d'hémorragie.

C'est alors que dans les années 1990 une idée folle jaillit de la rencontre de Jean-Luc Lagardère, patron de Matra, et d'Alain Carpentier, chef du service de chirurgie cardiaque de l'hôpital Broussais.

Un dîner en ville. Lagardère demande à Carpentier :

« Monsieur le professeur, sur quoi travaillez-vous, actuellement ?

– Le cœur. Je voudrais fabriquer un cœur artificiel totalement français.

– En quoi puis-je vous aider ?

– J'ai besoin de cinq ingénieurs travaillant à plein temps pendant dix ans.

– Je vous les donne. »

Quelques années plus tard, grâce à une équipe d'ingénieurs et aux technologies les plus avancées de l'aéronautique en modélisation numérique et mécanique des fluides, naît la prothèse qui deviendra le cœur artificiel que l'on connaît, destiné aux malades en insuffisance cardiaque terminale.

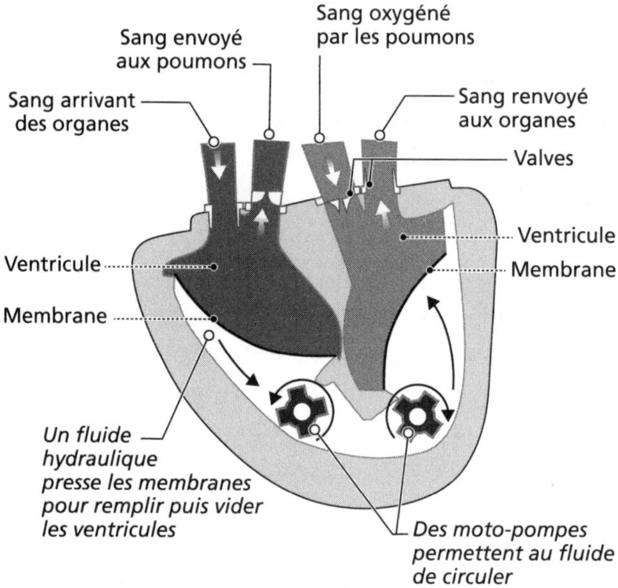

*Schéma du cœur artificiel
à implantation définitive Carmat*

Révolutionnaire : elle est pulsatile, capable de reproduire exactement la même pression qu'un cœur normal, d'augmenter le débit en cas d'effort. Elle dispose d'une bonne autonomie (cinq heures). Et surtout, sous le plastique et le métal, afin de ne pas « exciter » le sang, l'intérieur est complètement biologique, ce qui permet d'éviter les thromboses et la prise d'anticoagulants. Enfin, elle est relativement simple à implanter et elle est sûre : comme pour les fusées, elle a été étudiée par les ingénieurs de Matra pour que tous les circuits soient en double, de manière que si un élément tombe en panne, son jumeau prenne le relais !

Toutefois, certains problèmes restent en suspens : la machine consomme beaucoup d'énergie. Pour l'instant, on ne peut mettre la batterie à l'intérieur du corps – elle y ferait trop monter la température –, elle est donc à l'extérieur. Un câble d'alimentation externe transperce la paroi abdominale. Elle n'a qu'une autonomie de quelques heures. Insuffisamment miniaturisée pour certains thorax, elle ne peut être implantée qu'à une femme sur quatre. Carmat n'est donc pas encore tout à fait abouti et reste aujourd'hui encore un pont vers la greffe.

Ce cœur a été implanté pour la première fois chez l'homme en 2014 dans mon service, à Pompidou. Le patient est malheureusement mort quelques mois plus tard. Nous avons opéré cinq cas, en France, puis comme nous avons eu du mal à avoir l'autorisation pour aller au-delà, d'autres cas ont été opérés ailleurs, en Pologne, Slovénie… Ensuite, les Américains ayant repris la main, ce cœur s'appelle désormais Aeson, et selon la Food and Drug Administration on peut l'implanter aux États-Unis et en Europe.

Le cœur est le premier organe artificiel implantable. Demain, il est évident que nous aurons aussi des foies, des reins, des poumons, aujourd'hui plus difficiles à mettre au point. Mais la recherche y travaille. On le sait, à partir du moment où il y a un marché, il y aura une solution !

La question que l'on peut se poser, bien sûr, c'est : implantera-t-on un cœur artificiel pour suppléer le vieillissement ? À titre personnel, je suis pour implanter un cœur en cas de déficience mais non pour allonger la vie. Philosophiquement, je suis contre le transhumanisme et le rêve d'une extase de l'immortalité.

39.

Le cœur, l'amour et le sexe

Si l'amour était un organe, lequel serait-il ? Vous me voyez venir ! Avez-vous déjà recensé toutes les expressions qui tournent autour du sentiment amoureux ? Imaginez l'inventaire à la Prévert…

En la voyant, j'ai eu un *grand coup de cœur* et depuis, je n'avais plus qu'un rêve : la *serrer sur mon cœur.* Il faut dire qu'elle était *belle comme un cœur.* Il me fallait un peu *de cœur au ventre* et je lui préparai donc un discours venu *du fond du cœur* où je m'en donnais *à cœur joie,* faisant *le joli cœur*, allant jusqu'à avouer que la flèche de l'amour m'avait *touché en plein cœur.* Je voulais lui *faire battre le cœur* et tout mettre en œuvre pour *gagner son cœur.* J'avouai ma flamme *à cœur ouvert* et jurai de l'aimer *de tout cœur* !

Son indifférence me *serra le cœur* : la belle *n'avait pas de cœur* et ne répugnait pas à jouer *au crève-cœur.* En réalité elle avait plutôt *un cœur d'artichaut.* Moi, je ne pus bénéficier de la moindre feuille et j'en avais *gros sur le cœur.* Et ce ne fut pas *de gaieté de cœur* que j'acceptai *d'en avoir le cœur net.* Mon *cœur se brisait* mais il fallait bien que je fasse *contre mauvaise fortune bon cœur* et accepte son absence et me répétant : « *Loin des yeux, loin du cœur* ! »

On aurait pu continuer ! Sans parler des émoticônes avec des cœurs que l'on bombarde par SMS à tout bout de champ… S'agissant d'amour, le cœur est décidément partout.

Pourtant, soyons clairs, ce n'est pas notre cœur qui tombe amoureux mais bien… notre cerveau ! Titillé par nos sens en émoi, la vue, l'odeur, l'ouïe… Et tout ce, d'un coup, bien souvent, sans aucune analyse rationnelle ni consciente ! On pourrait penser, pourtant, que le sentiment amoureux est si complexe qu'il sollicite surtout le cortex cérébral, le territoire le plus récent de l'évolution. Eh bien non ! À l'IRM, on voit bien que les structures cérébrales impliquées dans le « crush » sont au départ les noyaux gris du centre du cerveau, c'est-à-dire de très petites et très anciennes parties présentes chez tous les animaux… Tomber amoureux relève bien plutôt de la subconscience, c'est-à-dire de la faculté cérébrale qui nous permet d'agir, de penser et de ressentir des émotions de façon non consciente. Un état primaire, en gros !

Après le coup de foudre, ce ne sont pas moins de douze aires du cerveau qui vont entrer en jeu pour déclencher une tornade de neurotransmetteurs, par l'intermédiaire de l'hypophyse, et produire toutes ces hormones qui, finalement, gouvernent notre comportement amoureux. Le nerf sympathique et l'adrénaline produite par les glandes surrénales s'énervent, retombant en piqué sur le cœur, qui se contracte plus vite, avec parfois des extrasystoles… C'est comme ça que l'on ressent son cœur s'accélérer !

À son tour, le cœur envoie des signaux et des informations qui remontent aux centres émotionnels supérieurs du cerveau. Ses messages parviennent jusqu'au thalamus, le grand ordonnateur de la production hormonale, puis aux lobes frontaux, qui contrôlent nos comportements les plus complexes tels que la prise de décision ou la créativité, puis l'amygdale qui gère la mémoire émotionnelle. Le cerveau, apprenant que le cœur bat plus fort, l'intègre comme une situation de « stress » et allume un certain nombre de circuits d'alerte et/ou de protection. Et ainsi de suite. C'est ainsi que tomber amoureux fait battre notre cœur, au propre et au figuré...

Et le sexe, dans tout ça ? Il est excellent pour le cœur, docteur ! C'est d'abord un exercice physique modéré (équivalent au fait de monter deux ou trois étages). Il permet la production d'hormones du bien-être (ocytocine), ce qui est bon pour la fonction cardiaque et favorise le sommeil. À recommander, donc ! On connaît bien quelques cas d'infarctus survenus en plein orgasme, mais ils étaient en général liés à une poussée d'hypertension chez un patient déjà malade !

Question que l'on pose parfois au cardiologue : peut-on utiliser le Viagra quand on est cardiaque ? Ce médicament dilate les artères de la verge pour faciliter les érections. Mais son action sur le reste du système cardio-vasculaire est minime et ne prête à conséquence qu'en cas de prise conjointe de vasodilatateurs. Cela dit, longtemps attribuée à des causes psychiques, l'impuissance masculine est aujourd'hui devenue une pathologie à part entière. Et dans 89 % des cas, elle est due à une cause vasculaire. Comme toutes les maladies vasculaires sont le plus souvent généralisées, la dysfonction érectile doit donc être considérée comme un indice pour les déceler, le cas échéant. Raison de plus pour être prudent dans la prescription de Viagra et ne pas l'envisager avant un bilan complet !

40.

Le robot, c'est l'avenir ?

Ce jour de 1999, quand la machine a été livrée dans le service, à l'hôpital, elle a happé tous les regards. On aurait dit une grosse araignée, avec ses pattes de faucheux. À côté, une petite console où pouvait se glisser un chirurgien et y appuyer son front. En réalité, cette petite console se nommait le Maître, le Faucheux, l'Esclave. Entre les deux, se cachait un inconnu, enfin pas pour longtemps, c'était l'ordinateur.

Les robots chirurgicaux sont nés des rêves de l'armée américaine pour remplacer les chirurgiens militaires, appelés au front. Le robot pourrait désormais opérer les blessés pendant que le praticien, bien installé sur les lignes arrière ou même dans son bureau à Washington, piloterait le robot via sa console.

La vision est celle obtenue par l'intermédiaire d'une caméra 3D d'excellente qualité, permettant de voir là où l'œil ne pourra jamais accéder. Les mains dirigent des « manettes », au fonctionnement très intuitif, qui autorisent très vite la maîtrise des gestes d'un chirurgien d'expérience. Chacun des gestes est lissé par l'ordinateur. Extraordinaire !

Il y a plus de vingt ans, la robotique a donc fait irruption dans le monde chirurgical. Plus que la possibilité d'effectuer une opération sans intrusion massive dans le corps humain, il s'agit bien de l'interposition d'un ordinateur entre l'opérateur et le patient. Si les possibilités semblent d'ores et déjà très intéressantes, elles ne nous autorisent pour l'instant qu'à imaginer les progrès envisageables de ce qui sera forcément une révolution dans l'acte chirurgical.

En chirurgie cardiaque, il est déjà possible de réaliser un pontage sur un cœur battant après avoir synchronisé les battements cardiaques et les instruments du robot – l'ordinateur permet ainsi au chirurgien d'opérer sur un cœur apparemment arrêté, ce qui lui facilite mentalement la tâche. Demain, le robot permettra des gestes répétitifs qui seront commandés par la voix, comme effectuer une série de nœuds, ce qui fera gagner du temps. Il guidera aussi le chirurgien si l'imagerie réalisée en préopératoire est intégrée virtuellement dans l'optique du système et permet de superposer les lésions réelles et des lésions découvertes au scanner. Un chirurgien expert dans un lieu X, Paris, par exemple, pourra également prendre les manettes d'une intervention dans une ville à des milliers de kilomètres de distance. Etc.

Sans compter que le robot apparaît déjà comme un remarquable outil d'enseignement pendant les études. On peut lui faire un massage cardiaque ou l'intuber à plusieurs reprises sans qu'il rechigne ! Il donne en plus chaque fois son opinion sur le geste effectué par l'étudiant ! Il permet aussi aux apprentis chirurgiens de répéter les opérations dans des programmes virtuels dont la logique s'inspire des jeux vidéo. Bref, en médecine, l'avenir du robot est en marche…

La chirurgie à cœur ouvert est invasive pour le corps humain, on l'a vu. Elle est aussi d'une fiabilité extrême mais l'évolution très rapide des techniques, portée par les aspirations de la société, ouvre de plus en plus de possibles. Ainsi la chirurgie des coronaires s'est vue progressivement remplacée par les techniques d'angioplastie, associées à la mise en place de *stents* dont les propriétés s'améliorent avec les décennies. Rares persistent aujourd'hui des indications de pontages pour des cas particulièrement difficiles, justifiant alors la formation de chirurgiens très qualifiés. La mise en place de valves cardiaques par voie percutanée, encore réservée aux patients les plus fragiles et les plus âgés, va aussi connaître une généralisation évidente dans les prochaines années. Le traitement des anévrismes de l'aorte, déjà révolutionné par les endoprothèses introduites par voie fémorale, donne lui aussi d'excellents résultats...

Les chirurgiens ont bien compris que leur évolution était nécessaire et, dans de nombreux centres, ils assurent, en collaboration avec les cardiologues et les radiologues, une prise en charge nouvelle des patients. À l'avenir, on devra d'ailleurs sans doute envisager l'institution d'une nouvelle discipline universitaire de « spécialiste interventionnel », regroupant différentes compétences. Et puis, à la longue, les chirurgiens passeront sans doute de greffeurs à implanteurs d'organes artificiels, d'autant que les gestes sont de même nature... Imaginons un peu : dans un avenir proche, les différentes prothèses actuellement implantées dans le corps humain pour toutes sortes de pathologies deviendront des « prothèses intelligentes », bardées de capteurs. Chez un patient opéré pour un anévrisme de l'aorte à l'aide d'une endoprothèse, on pourra ainsi mesurer la pression, le débit, la glycémie, la cholestérolémie... On peut aussi penser, au vu des progrès de la génétique, que la science fera des bonds dans l'analyse des facteurs de risque individuels et collectifs : on saura, dès l'enfance, ceux qui risquent plus que les autres de faire un infarctus ou de développer une hypertension et on pourra envisager une attitude préventive. En cardiologie, mieux vaut toujours trop tôt que trop tard !

41.

L'IA au service des médecins ou l'inverse ?

Avec le numérique et le « big data », une autre révolution a déjà fait son entrée à l'hôpital, dans les cabinets de cardiologues et dans la pratique des soignants. Son apport se veut encore relativement discret, se cantonnant à une meilleure gestion des malades et de leurs dossiers, et on n'en a pas encore mesuré la portée exacte ni les changements à venir.

Tous les jours, les connaissances médicales s'accroissent, rendant, pour le praticien, le maintien d'un niveau optimal quasi impossible. Qu'on en juge : on estime à 700 000 le nombre de nouvelles publications médicales par an ! Pour exploiter une telle masse, il est indispensable d'utiliser les outils de l'IA. Or la plupart des médecins ne sont pas encore préparés et les logiciels d'IA réellement customisés ne sont pas encore disponibles. Ils le seront dans un avenir proche. Et même si ce n'est pas évident pour tous, le diagnostic médical sera considérablement modifié par cette convergence inéluctable de l'IA et du « big data ». Exemples : les résultats d'imagerie pourront être soumis en temps réel à l'expertise du réseau, permettant un diagnostic très sûr (on considère que le résultat donné équivaut au diagnostic des dix meilleurs experts mondiaux !). Seuls les cas incompréhensibles par la machine seront soumis au cardiologue qui, dans certains cas, sera contraint d'examiner réellement le malade. Mais cette situation de retour vers une médecine traditionnelle sera – parions-le – bien rare ! Le bon vieil électrocardiogramme, les futurs appareils d'enregistrement l'interpréteront en simultané dans le cabinet du généraliste, rendant inutile la visite chez le spécialiste. De même pour les examens biologiques. Il est évident que ces possibilités nouvelles entraîneront un changement radical de la profession médicale dans de nombreuses spécialités.

Et le cardiologue, dans tout ça ?

Pour lui aussi, tout cela sera évidemment une aide accrue au diagnostic, à la fois dans la qualité et surtout la rapidité, en cas d'urgence. « Débarrassé » de la routine quotidienne de la gestion des examens, il pourra se consacrer à d'autres tâches, ce qui supposera une formation différente de celle d'aujourd'hui. Même si la validation des examens restera bien sûr indispensable, ne serait-ce que pour en assumer la responsabilité. Car cette question restera cruciale. Qui sera, à la fin, responsable de l'erreur médicale, l'homme ou l'ordinateur ? C'est toujours au praticien qu'incombera le choix final de prise en charge et des traitements. En ce sens, l'IA ne doit se placer que comme un instrument d'aide à la décision, comme peuvent l'être un échographe ou un scanner. C'est vrai en médecine comme ailleurs.

Car ces révolutions annoncées, qui conduiront inévitablement à revoir l'enseignement de la médecine, nous font aussi mesurer, plus que jamais, que le risque d'une trop grande technicité est bien l'éloignement du patient de la prise de décision le concernant.

Il ne faut jamais oublier que notre but premier est de soigner des malades, c'est-à-dire des hommes et des femmes qui souffrent, et qu'il s'agira toujours de la mission première du médecin.

En la matière, quand on se replace seulement un demi-siècle en arrière et qu'on mesure l'ampleur du saut réalisé par la cardiologie à leur service, on peut avoir la tête qui tourne et penser que les cinquante prochaines années nous sont encore largement inconnues…

Remerciements

Je remercie Sophie des Déserts et Delphine Saubaber pour leur participation à ce livre, ainsi que mon éditeur Alexandre Wickham avec qui les discussions furent toujours à la fois franches et amicales.

Je remercie également Marie-Christine Turin pour sa relecture du manuscrit.

DU MÊME AUTEUR

L'Acte créateur (ouvrage collectif avec Gilbert Gadoffre, Robert Ellrodt *et al.*), PUF, 1994

La Cuisine de vos artères (avec Bernard Pacaud), Albin Michel, 2003

Ces histoires insolites qui ont fait la médecine, Plon, 2011 (prix Jean Bernard 2012)

Ces histoires insolites qui ont fait la médecine, tome II : *La transplantation*, Plon, 2012

Médecins, un serment et des vies, Prat, 2012

Le Chirurgien et le Marabout, Plon, 2013

La Guerre, l'AP. L'Assistance publique dans la Grande Guerre (ouvrage collectif), AP éditions, 2014 (médaille d'or de la Société française d'histoire des hôpitaux, 2016)

C'est l'hôpital qui se moque de la charité !, Les Arènes, 2016

30 histoires insolites qui ont fait la médecine, Plon, 2017

La Fabuleuse Histoire de l'hôpital du Moyen Âge à nos jours, Pocket, 2018

L'Incroyable Histoire de la médecine (avec Philippe Bercovici), Les Arènes BD, 2018

Medicine : A Graphic History, SMH, 2020

La Médecine racontée aux enfants, La Martinière jeunesse, 2021

Santé et société (ouvrage collectif sous la direction d'André Vacheron), PUF, 2022

Ambroise Paré, Les Arènes, 2023

Histoire des préjugés (ouvrage collectif), Les Arènes, 2023

Les Sœurs d'Hippocrate, Les Arènes, 2023

Composition : Nord Compo
Impression : CPI Black Print en janvier 2025
Éditions Albin Michel
22, rue Huyghens, 75014 Paris
www.albin-michel.fr
ISBN : 978-2-226-48435-2
N° d'édition : 25478/01
Dépôt légal : février 2025
Imprimé en Espagne